魔力

数学  ①

宋 君 魏 霞 张文艳 **著**

U0255671

中原出版传媒集团
中原传媒股份公司

大象出版社
·郑州·

图书在版编目（CIP）数据

魔力数学. Ⅰ／宋君，魏霞，张文艳著. — 郑州：
大象出版社，2019. 7（2021. 11 重印）
ISBN 978-7-5711-0042-1

Ⅰ. ①魔⋯ Ⅱ. ①宋⋯ ②魏⋯ ③张⋯ Ⅲ. ①数学-
儿童读物 Ⅳ. ①O1-49

中国版本图书馆 CIP 数据核字（2018）第 297604 号

魔力数学　Ⅰ

MOLI SHUXUE　Ⅰ

宋　君　魏　霞　张文艳　著

出 版 人　汪林中
责任编辑　梁金蓝
责任校对　毛　路
装帧设计　付锁锁

出版发行　大象出版社（郑州市郑东新区祥盛街 27 号　邮政编码 450016）
　　　　　发行科　0371-63863551　总编室　0371-65597936
网　　址　www. daxiang. cn
印　　刷　河南文华印务有限公司
经　　销　各地新华书店经销
开　　本　787 mm×1092 mm　1/16
印　　张　9
字　　数　102 千字
版　　次　2019 年 7 月第 1 版　2021 年 11 月第 7 次印刷
定　　价　22.00 元
若发现印、装质量问题，影响阅读，请与承印厂联系调换。
印厂地址　新乡市获嘉县亢村镇工业园
邮政编码　453800　　　　　电话　0373-5969992　5961789

数学阅读，为我们打开一扇窗

阅读是搜集处理信息、认识世界、发展思维和获得审美体验的重要途径，是读者的个性化行动。苏联数学教育家斯托利亚尔曾指出："数学教学也就是数学语言的教学。"而语言的学习是离不开阅读的。

数学阅读是指围绕数学问题或相关材料，以阅读经验为基础，以数学知识为媒介，使用数学语言感知和认读数学阅读材料，并对材料加以理解和应用、推理和想象、反思和总结等一系列活动的总和。简言之，数学阅读的目的就是要让学生通过阅读，学会用数学的头脑进行思考、分析和推理，提升思维能力，促进数学素养的养成。

数学知识科学性较强，数学的文字叙述总是要求有理有据，数学的学科特点要求学生逻辑严密，因此，在数学阅读的过程中需要教师引导学生通过文字看到背后完整的推理过程。每次的数学阅读都是一个精细思维的过程，在这个过程中，需要思维严谨，逻辑演绎准确。学生通过数学阅读，不仅可以全面地了解数学知识产生的背景，而且可以感受数学的文化内涵。

回顾开展数学阅读的日子，我彷徨过、退缩过，但最终坚持做了下来。在这近 20 年的时光里，在我校阅读团队的支持下，在很多关心数学阅读同行

的支持下，在众多报刊编辑的支持下，我一直思考着、研究着。从刚开始不知道怎么做数学阅读，到不断查找资料了解数学阅读，到编写自己的数学校本课程——《数学智慧阅读》，再到2013年在河南最具影响力教师课堂观摩活动中展示我的数学阅读课堂教学，这是一个漫漫的成长过程。后来，在新世纪小学数学高级研修班，在导师蔡金法教授、刘坚教授、王明明老师、王永老师等专家的引领下，我开始在研究中提升数学阅读的内涵。

2015年，数学阅读被立项为郑州市教科所重点课题进行研究。2016年，"小学数学课外阅读策略的行动研究"在河南省教研室立项并结题，荣获河南省基础教育教学成果二等奖。我不断提升着课程研发的思考和实践能力，一路走来，品尝百般滋味，其中最大的收获就是我的数学阅读课程在实践中与学生一起成长，成为独具特色的课程，我自己也有幸成为校讯通数学阅读的专家评委。在这样的行走中，我辅导学生撰写的数学阅读故事、小论文等先后在CN刊物上发表近200篇（近6.5万字），我撰写的数学阅读文章发表了200余篇（近10万字）。

本书将数学基本知识、基本技能、基本活动经验和基本的数学思想融入故事、游戏、活动中，既充满童趣，又与学生生活实际紧密结合，让学生在娱乐中学习，在运用中提高。通过本书的阅读，学生可以体会数学的广泛应用，分享数学智慧阅读的快乐与愉悦。

让学生增长智慧，学会思考的方法和策略；让数学变得"好玩"，变得美妙，学生能真正在智慧阅读中学数学、用数学、玩数学，这就是本书要努力达成的目标。

（宋　君）

目 录

比体重

　　暑假来了，淘淘、乐乐和天天三个小朋友每天都可以在一起玩。淘淘说："我们去玩跷跷板吧。"乐乐和天天愉快地答应了。第一次玩跷跷板的是淘淘和乐乐，当他们坐上跷跷板时，淘淘低，把乐乐翘得高高的；第二次玩跷跷板的是乐乐和天天，乐乐低，天天被翘得很高。淘淘妈妈说："孩子们，玩跷跷板时，低的那边小朋友重，被翘高的那边小朋友轻。你们三个谁最重？谁最轻？"同学们，你们知道他们三人谁最重吗？

思考分析

　　第一次玩跷跷板的是淘淘和乐乐，淘淘低，也就是淘淘和乐乐比，淘淘重，我们可以记录：淘淘＞乐乐。第二次玩跷跷板的是乐乐和天天，乐乐低，也就是乐乐和天天比，乐乐重，我们可以记录：乐乐＞天天。淘淘、天天都与乐乐作比较，淘淘的体重大于乐乐的体重，乐乐的体重大于天天的体重。因此，体重比较结果是：淘淘＞乐乐＞天天。

拓展思路

　　他们三人正在玩，一会儿，棒棒也来一起玩跷跷板了。棒棒和淘淘坐在两端，棒棒轻松地就把淘淘翘起来了。其他小伙伴说："棒棒，你最重了！"棒棒迷茫地看着小伙伴说："我才刚玩，你们怎么知道我最重呢？"小朋友，你们能说出其中的道理吗？

答案提示

棒棒不知道在他来之前小伙伴就知道淘淘是最重的。棒棒和淘淘坐在跷跷板的两端，棒棒轻松地就把淘淘翘起来了，这说明棒棒比淘淘还重，他是四个人里面最重的，所以：棒棒 > 淘淘 > 乐乐 > 天天。

小朋友，你明白了吗？

智慧提升

跷跷板就像一架天平，可以通过平衡判断谁轻谁重。当小朋友人数多的时候，需要两两互相比较。所以，小朋友，比较可是有大学问的，玩跷跷板时，沉下去的一端重，我们可以借助中间的一位同学进行比较，这样比较简单。

姥姥家的小动物

故事分享

暑假来了，乐乐妈妈带乐乐回姥姥家避暑，他高兴极了。一到姥姥家，乐乐就吃到了甜甜的大西瓜，他一边吃一边在院子里四处张望。这时，小鸡宝宝和小鸭宝宝从他面前跑过，他放下手里的西瓜，开始追小动物们了。姥姥说："乐乐，小鸡有3只，小鸭有4只，你数一数，一共有多少只小动物呢？"

思考分析

想知道"一共有多少只小动物"，要用加法，乐乐把3和4加起来，就可以算出一共有多少只小动物了，可以用数学算式表示：3+4=7（只）。

拓展思路

乐乐跟着姥姥去赶集，姥姥又买了2只鹅宝宝，现在姥姥家一共有多少只小动物？

答案提示

这个问题依然要用加法，把3、4、2加起来，用算式表示：3+4+2=9（只），还可以用3+4=7（只），7+2=9（只）来表示。

智慧提升

　　加法就是把两个数（或几个数）合并成一个数的运算，生活中经常要用到加法。乐乐不仅知道"求一共有多少"要用加法，还能用算式来表示加法，并进行准确运算。

猜谜语

故事分享

今天，数学课上开展"谜语大赛"活动，同学们都开心极了，纷纷举手上台出谜语。淘淘作为数学课代表，第一个出谜语："横看是把尺，竖看是根棒，年龄最最小，大哥它来当。"张老师为淘淘竖起大拇指，并鼓励其他同学认真猜谜语。乐乐低头思考了一会儿，举手回答："是1，数字1！"淘淘宣布："答对了！"全班响起热烈的掌声。接着，乐乐出了一个谜语："四个兄弟一样长，两两相对围成框，阅兵队形常用到，对称轴儿有四条。打一平面图形。"同学们，这是什么图形呢？

思考分析

一年级时认识的平面图形有：长方形、正方形、圆形、三角形、梯形。那么，哪个平面图形符合谜面呢？

四个兄弟是边，一样长，也就是说四条边一样长，这不就是正方形嘛，而且在电视上看阅兵仪式时兵哥哥们走的就是方队。对了，就是正方形！

小朋友，你猜对了吗？

拓展思路

飞飞出示的数学谜语：哥哥长，弟弟短，天天赛跑大家看，哥哥跑了12圈，弟弟刚刚跑1圈。（打两个实物）

慧慧的数学谜语：这个脑袋真正灵，忽闪忽闪眨眼睛，东南西北带着它，加减乘除不费劲。（打一计算工具）

天天出了这样一个数学谜语：能分曲直，能辨尺寸，要问长短，请它帮忙。（打一文具）

同学们，你们想到答案了吗？可要认真想一想哦！

答案提示

飞飞的谜底：分针和时针。

慧慧的谜底：计算器。

天天的谜底：直尺。

智慧提升

数学谜语充分体现了数学的趣味性，每次猜数学谜语都需要我们理解数学的内容，因为这些数学谜语可以帮助我们更好地理解数学内容。因此，多猜数学谜语，可以让我们变得越来越聪明！

大鱼碰小鱼

故事分享

淘淘喜欢去海洋馆看各种各样的海洋动物：有呆萌的小企鹅、凶猛的大白鲨，还有五颜六色的海鱼……令人目不暇接。妈妈说："在海洋里生存，小动物们都是优胜劣汰，适者生存。比如，大鱼吃小鱼，大白鲨吃大鱼。"淘淘若有所思地点点头，和妈妈一起回家了。到家后，淘淘说："我想跟妈妈玩个大鱼吃小鱼的游戏：在积木鱼上面写上数字，如果两条鱼碰到了，就做减法，好吗？"妈妈欣然应允。淘淘拿出了5条鱼，分别写上：1、7、8、12、20。游戏开始啦！你觉得会出现哪些结果呢？

思考分析

要解决这个问题，需要把两个数做减法。首先，两数相减，需要按一定的顺序，这样可以不重复、不遗漏。所以，两数相减，出现的结果如下：

碰到小鱼1：$7-1=6$，$8-1=7$，$12-1=11$，$20-1=19$；

碰到小鱼7：$8-7=1$，$12-7=5$，$20-7=13$；

碰到小鱼8：$12-8=4$，$20-8=12$；

碰到小鱼12：$20-12=8$。

拓展思路

"这样还不完整！"淘淘好奇地问道，"按照这样的顺序，接下来该碰到小鱼 20 了，怎么没有小鱼碰到小鱼 20 呢？"

答案提示

1、7、8、12 和 20 相比，都比 20 小，所以碰到的结果是：1－20，7－20，8－20，12－20，这样的减法我们还不会计算，以后的数学学习中会和大家见面！

智慧提升

两两相减是减法的一种形式，要按顺序相减，大数减小数，这样才能够做到不重复、不遗漏，这就是分类思考的优势，希望我们在学习中能够学会运用这一方法。

大大的摩天轮

故事分享

人民公园有个大大的摩天轮，乐乐最喜欢坐摩天轮了。周末，妈妈又带乐乐去人民公园了，乐乐特别开心，一路蹦蹦跳跳地来到公园。"哇，好漂亮的摩天轮！"乐乐高兴地对妈妈说。妈妈刮了刮乐乐的鼻子问道："乐乐，你认真观察，摩天轮有什么特点呢？"乐乐默默地观察：摩天轮就像一个大轮子一样，是圆的，中间还有许多直直的东西，在圆的中间。妈妈夸奖乐乐观察得仔细，接着问道："摩天轮为什么是圆的呢？"

思考分析

摩天轮中的"摩天"是跟天接触，很高很高的意思。轮子是圆的，因为圆的半径（也就是圆中间直直的东西）长度相同，方便转动。所以，摩天轮一般是圆形的。

拓展思路

乐乐在一天的游玩中快乐无比，他提出了这样一个问题："有没有其他形状的摩天轮呢？"同学们，你们能回答这个问题吗？

答案提示

在日本关西重镇大阪有世界上第一个椭圆形摩天轮，形状如下图：

等乐乐长大了，爸爸妈妈就要带乐乐去坐一坐不同形状的摩天轮呢。

智慧提升

圆形的物品在日常生活中经常见到，圆是我们学过的很独特的图形。只要认真观察生活，我们就能在生活中找到所学的图形。

消防云梯

故事分享

一天，乐乐在看消防安全纪录片，妈妈问："乐乐，火警电话是多少？""119。"乐乐脱口而出。妈妈为乐乐竖起了大拇指："真棒！去年新世界百货失火，去了3辆消防车才将火扑灭，好在没有人员伤亡，真是太危险了！所以一定要注意安全！"乐乐点点头。"妈妈来考考你：消防云梯一般有78米，每层楼大约3米高，如果30层着火了，消防云梯能够着吗？可要认真想一想哦。"

思考分析

要解决这个问题，我们可以用乘法来解决。一层楼高3米，从一层到二层是3米，从二层到三层是3米，……从二十九层到三十层是3米，30层楼高就是29个3相加，也就是 $29 \times 3 = 87$（米），30层楼高87米。$87 > 78$，所以消防云梯不能到达30层。

拓展思路

我国最高的消防云梯是101米，在这个安全范围内，买多少层以下的房子比较安全？

11

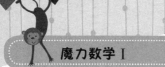

答案提示

刚才，我们已经计算了 30 层的楼高 87 米，而消防云梯是 101 米，101 − 87 = 14（米），14 − 3 − 3 − 3 − 3 = 2（米）。因此，101 米的消防云梯可以到达的最高楼层是 30+4 = 34（层），购买房子在 34 层及以下比较安全。

智慧提升

我们用数学的知识解决了楼层问题，在计算楼层的时候，注意联系生活实际进行思考。小朋友，虽然消防云梯可以灭火，保护生命安全，但最重要的还是不要随便玩火，珍惜生命啊！

汉字变身

故事分享

假期里，淘淘每天临摹一张字帖，坚持久了，淘淘就练得了一手好字。妈妈看到淘淘在写"日""月"两字，问道："'日'字有几画？""4画。""'月'字呢？""4画。""'日'和'月'合起来是什么字？""明。""'明'字有几画呢？""4 + 4 = 8，8画。"妈妈夸奖淘淘："好儿子，真聪明。汉字合体后就可以组成另外一个字了。你能举出例子来考考妈妈吗？"

思考分析

汉字文化博大精深，由两个或多个汉字可组合成不同的汉字，例如："鱼"和"羊"组成"鲜"，笔画数是8 + 6 = 14；"木"和"目"组成"相"，笔画数是4 + 5 = 9；"木""目"和"心"组成"想"，笔画数是4 + 5 + 4 = 13。这样变身的汉字有许多呢，小朋友一定要留心观察哦！

拓展思路

汉字不仅可以组合，还可以拆分呢！拆分后笔画数怎样变化呢？小朋友，请开动脑筋想一想吧！

答案提示

淘淘立刻就想到了，郑州有个"马骉食府"，"骉"字可以拆分成 3 个"马"字，笔画数是 3＋3＋3＝9；把"寸"字从"树"字中拆走，就剩下"权"字，"权"的笔画数是 9－3＝6。小朋友，你了解了吗？

智慧提升

汉字通过组合与拆分可以变身，还蕴含着笔画数变化的数学知识，数学真是无处不在呢！小朋友，一定要认真学习哦！

好玩儿的数字游戏

故事分享

　　乐乐最喜欢玩填数游戏了。今天，他自己出了一些填数游戏的题目，准备考一考淘淘。淘淘胸有成竹地说："我的强项就是填数游戏。乐乐，今天你遇上对手啦！"乐乐笑眯眯地说："不要得意得太早哦！请把 2、3、4、5 分别填入括号里，在每个式子里每个数字只能用一次，淘淘，试一试吧！"

　　（　）+（　）-（　）=（　）

　　（　）+（　）-（　）=（　）

思考分析

　　填数游戏中有加有减，这是混合运算，运算顺序是从左往右依次计算。填数游戏的规则是每个式子里每个数字只能用一次，请淘淘注意游戏规则哦！我们可以采用尝试的方法进行解答，通过尝试、调整，我们可以列出这样的算式：

　　（4）+（3）-（2）=（5）

　　（3）+（4）-（5）=（2）

　　当然答案不止以上两种，动脑筋想一想，你会有不同的答案。比一比，谁是最爱动脑的学生。

拓展思路

淘淘一下子就做出来了，乐乐又出了一个填数游戏，请思考：把1、2、3、4、5、6、7、8这8个数字分别填入括号里，每个数字只能用一次。

（ ）+（ ）=（ ）+（ ）=（ ）+（ ）=（ ）+（ ）

答案提示

我们仔细观察这个等式，是四组相等的式子，我们可以将 1～8 这8个数字分为结果相等的4组，就可以完成如下的等式：（1）+（8）=（2）+（7）=（3）+（6）=（4）+（5）。

智慧提升

填数游戏是数学加减法的变形，属于混合运算，混合运算的计算顺序是从左往右依次计算。数学游戏中的填数游戏一般要求每个数字只能用一次，这是解题要点。

填数游戏形式多样，规则也都不同。因此，在玩数字游戏时一定要弄清楚游戏规则哦！遵守规则，才能做得又快又对！

神奇碰碰车

故事分享

淘淘、乐乐、天天和慧慧四个小朋友相约去玩碰碰车，你碰我，我碰你，真好玩儿呀！一会儿，碰碰车管理员说："这些碰碰车都有序号，还有红、绿两个按钮，按下红色按钮相碰的做加法，按下绿色按钮相碰的做减法。现在请看一看自己的序号吧。"淘淘乘坐的碰碰车是12号，乐乐乘坐的是6号，天天乘坐的是4号，慧慧乘坐的是3号。"现在请按下红色按钮，继续玩两人碰碰车游戏吧。"同学们，你们知道会出现哪些情况吗？

思考分析

要解决这个问题，需要将碰碰车号两两相加，只有按顺序相加，才能不重复、不遗漏。我们可以按这样的顺序列一列：

淘淘乘坐的碰碰车会和乐乐、天天、慧慧乘坐的碰碰车碰在一起，所以会有下面的算式：

淘淘和乐乐碰：$12 + 6 = 18$；

淘淘和天天碰：$12 + 4 = 16$；

淘淘和慧慧碰：$12 + 3 = 15$。

乐乐乘坐的碰碰车会和天天、慧慧乘坐的碰碰车碰在一起（也会和淘淘乘坐的碰碰车碰在一起，但重复了），所以会有下面的算式：

乐乐和天天碰：6 + 4 = 10；

乐乐和慧慧碰：6 + 3 = 9。

天天乘坐的碰碰车和慧慧乘坐的碰碰车碰在一起（重复不再统计），所以会有下面的算式：

天天和慧慧碰：4 + 3 = 7。

哇！有这么多结果呀！小朋友，你考虑得对吗？

拓展思路

现在请小朋友们按下绿色按钮，开始玩两人碰碰车游戏吧。请认真思考，你能得到哪些结果？

答案提示

按下绿色按钮，需要将碰碰车号两两相减，只有按顺序相减，才能不重复、不遗漏。我们可以按这样的顺序列一列：

淘淘和乐乐碰：12 − 6 = 6；

淘淘和天天碰：12 − 4 = 8；

淘淘和慧慧碰：12 − 3 = 9；

乐乐和天天碰：6 − 4 = 2；

乐乐和慧慧碰：6 − 3 = 3；

天天和慧慧碰：4 − 3 = 1。

智慧提升

两两相碰需要碰碰车号两两相加减，只有按顺序相加减，才能不重复、不遗漏。看来，准确地解决问题，需要进行全面的思考。

观看芭蕾舞

故事分享

淘淘的小表妹月月是小小芭蕾舞演员，今天，她在郑州市金芭蕾幼儿园演出，邀请淘淘和妈妈一起观看表演。可是，去幼儿园该怎么走呢？妈妈画了下面的地图：

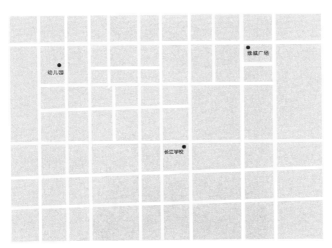

淘淘家在绿城广场附近。请问，从绿城广场到金芭蕾幼儿园的路线该怎样走呢？

思考分析

描述路线图需要有方向和距离：从绿城广场出发，向左一直走，到第八个路口后，再向左走一段距离，幼儿园在右手边。

拓展思路

月月的哥哥乐乐在郑州市长江学校练习跆拳道，他也要去幼儿园观看演出。请帮助乐乐规划路线吧。

答案提示

从长江学校出发，向左一直走，到第四个路口后，再向右走，过两个路口后，再走一段距离，幼儿园就在左手边。

智慧提升

描述路线可以用多种方法，对于刚接触方位的小朋友，我们可以用我们熟悉的左右来描述，这样会使路线更加清晰、明了。

千变万化的影子

故事分享

暑假，淘淘来到姥姥家。姥姥家门前有棵大树，淘淘最喜欢坐在下面乘凉，十分凉爽。可是，大树底下也不是时时都好乘凉，细心的淘淘发现：大树的树荫有时候很大，有时候很小。淘淘疑惑极了，这到底是怎么回事呢？小朋友，你能帮淘淘解释一下吗？

思考分析

大树的树荫实际上是大树的影子，由于大树挡住了太阳光，才形成了影子。影子的变化跟太阳照射角度有关。上午，太阳斜照大树，所以影子很大；中午，太阳垂直照射大树，影子很小；下午，太阳又斜照大树，影子又变大了。所以，大树树荫最大时是上午和下午，最小时是中午。淘淘，你明白了吗？

思路拓展

淘淘恍然大悟，难怪姥姥都是早上和黄昏带我去树下纳凉，姥姥这么有智慧呀！姥姥说："淘淘，我们也有影子，你用心观察一下，你的影子是怎么变化的？"

答案提示

在阳光下，我们的影子随处可见，跟大树一样，早晚影子长，中午影子短。但是，当走进树荫时，影子就不见了，这是因为淘淘的影子小，被树荫的影子覆盖了。

智慧提升

影子是一种很有趣的现象。由于物体遮住了光，光线不能穿过不透明物体而形成的较暗区域，就是我们常说的影子。影子的变化与太阳照射角度有关。

巧分类

故事分享

周末，乐乐妈妈去超市采购物品，买回来许多食物，有香蕉、丝瓜、香梨、紫茄子、小白菜、苹果、桃子、胡萝卜，这些食物都是乐乐爱吃的。妈妈说："乐乐，天气热，这些食物要放进冰箱，但是需要分类放，你觉得怎样分类合适？"乐乐说："按颜色分类，黄色的香蕉和香梨放一起，红色的苹果、桃子和胡萝卜放一起，绿色的丝瓜和白菜放一起，紫茄子单独放。"妈妈说："乐乐喜欢画画，对颜色分辨最清楚，给你点赞！这些食物还可以分成蔬菜和水果，你会分吗？请你试一试。"

思考分析

把食物分成蔬菜和水果，蔬菜需要妈妈在厨房做好才能吃，而水果洗干净就可以吃了，按照这个标准，蔬菜有：丝瓜、紫茄子、小白菜、胡萝卜；水果有：香蕉、香梨、苹果、桃子。哈哈，实在是太简单了！

拓展思路

吃过饭后，妈妈带乐乐去动物园，他们看到了小狗、小花猫、鹦鹉、小矮马、飞燕、蜻蜓、蝴蝶、蚯蚓、小白兔和小蜜蜂。妈妈说："乐乐，这些动物怎么分类？"

答案提示

分类一：按有脚的和没有脚的分。

只有蚯蚓没有脚，其他动物都有脚。

分类二：按会飞的和不会飞的分。

会飞的动物：鹦鹉、飞燕、蜻蜓、蝴蝶、小蜜蜂。

不会飞的动物：小狗、小花猫、小矮马、蚯蚓、小白兔。

智慧提升

分类是生活中常见的问题，需要按照一定的标准把具有相同特征的事物归为一类。小朋友，分类能够促使我们养成有条理思考问题的习惯。

好邻居

故事分享

淘淘、乐乐和天天是好朋友，他们住在同一栋楼，分别是 15、16、17 楼，淘淘住在乐乐楼上，乐乐住在天天楼上。淘淘在几楼？乐乐呢？天天呢？请开动脑筋想一想吧。

思考分析

淘淘住在乐乐楼上，乐乐住在天天楼上，在两两的比较中，我们可以找到中间的，就是乐乐，再进行比较：淘淘住的最高，天天住的最低，乐乐在中间。所以，淘淘住在 17 楼，乐乐住在 16 楼，天天住在 15 楼。你答对了吗？

拓展思路

楼上还有花花、飞飞、慧慧和盈盈四位小朋友，分别在 20、21、22、23 楼住，盈盈住在慧慧楼上，慧慧住在飞飞楼上，飞飞住在花花楼上。请问，每位小朋友都住在几楼呢？

答案提示

人数好多，我们可以画图解决：

23 楼　盈盈

_____

22 楼　慧慧

_____

21 楼　飞飞

_____

20 楼　花花

因此，盈盈住在 23 楼，慧慧住在 22 楼，飞飞住在 21 楼，花花住在 20 楼。

智慧提升

生活中，由于比较对象的不同，上下位置也相对不同。我们在进行比较时，可以采用找中间量或画图的方式解决。请小朋友一定要认真思考和观察，分清楚上下哦！

手指操

故事分享

淘淘妈妈是一位健身达人，经常在家做各种健美操，还有手指健美操呢。一天，淘淘说："妈妈，我也会做手指操，你陪我一起玩吧。"妈妈愉快地答应了。淘淘说："规则就是我们两人伸出的手指数加起来是10，现在我伸1根手指，你要伸几根手指？"妈妈说："9根。"淘淘立刻竖起大拇指表扬妈妈。接下来的手指操还可以怎么做呢？请和小伙伴一起做一做吧。

思考分析

哪两个数加起来等于10呢？我们可以总结一下：1 + 9，2 + 8，3 + 7，4 + 6，5 + 5，6 + 4，7 + 3，8 + 2，9 + 1。真是太简单啦！

拓展思路

做完上面的手指操指令，妈妈奖励了淘淘一个吻。妈妈说："还有其他的手指操指令吗？如果我不伸手指，你应该伸几根呢？"

答案提示

妈妈不伸手指就是0，0和几的和是10呢？0 + 10 = 10，10 + 0 = 10。小朋友，你答对了吗？

智慧提升

这样的手指操很有趣，在玩手指操的过程中让我们智慧地思考。我国的计数法是十进制计数法，满 10 要向前一位进 1。因此，10 的加减法非常重要。

找数字

故事分享

周末，爸爸给淘淘买了一幅画（如下图），淘淘仔细一看，发现这幅图非常有趣，像一位魔术师。爸爸告诉淘淘：它是由不同的数字组成的。小朋友，请你仔细看一看，都有哪些数字呢？指一指分别在哪些地方。

思考分析

1～10这10个数字藏在画中：1、3、4、5、6、7、10一眼就能看到；2在最下面，下巴的位置；8在中间躺着，帽檐的位置；9在最上面，帽顶的位置。

拓展思路

我们欣赏了数字画，请你发挥想象，也创作一幅数字画。

答案提示

请发挥自己的想象，创作数字画，也可以请小伙伴或家长帮忙。

智慧提升

数字画真有趣，不仅帮助我们认识阿拉伯数字，还能让我们发挥想象力创作数学画。数字0～9是数学学习的基础，我们在找、写中会感受到有趣与好玩。

谁动了我的草莓

故事分享

淘淘的小表妹到家里来做客，妈妈拿出新鲜的草莓让淘淘和妹妹一起吃。淘淘说："你是妹妹，比我小，给你分10颗草莓，我自己吃6颗，好不好？"妹妹开心地点点头。淘淘去厨房帮忙了，妹妹一直在看电视。一会儿，他一看，自己的草莓只剩4颗了；又过了一会儿再一看，自己的草莓只剩2颗了；吃饭前一看，草莓没有了，而妹妹的草莓却多了6颗。小朋友们，你知道谁动了淘淘的草莓吗？是怎样减少的？

思考分析

小朋友们，你们都猜到是小表妹拿了淘淘的草莓，那淘淘的草莓是怎么减少的呢？我们可以用算式表示：

6－2＝4（颗），4－2＝2（颗），2－2＝0（颗）。

原来，小表妹每次拿2颗草莓，3次就把淘淘的草莓拿光了，真淘气！

拓展思路

淘淘的草莓少了，而妹妹的草莓多了，那么妹妹的草莓是怎么变多的呢？

答案提示

小表妹每拿淘淘 2 颗草莓，她自己的草莓就多 2 颗，她拿了 3 次，用算式表示为：

10 ＋ 2 ＝ 12（颗），12 ＋ 2 ＝ 14（颗），14 ＋ 2 ＝ 16（颗）。

智慧提升

淘淘的草莓每次少 2 颗，妹妹的草莓每次多 2 颗，这就是数的递减与递增，找到其中的规律，就能准确地发现草莓数量的变化情况。在草莓数量变化的过程中，减少和增多是同时的。

哪杯橙汁多

故事分享

今天是淘淘的生日，他的小伙伴乐乐也来为他庆祝生日，吃蛋糕，玩游戏，你追我赶，开心极了！一会儿，淘淘妈妈送来了两杯橙汁，两位小朋友都想喝到最多的橙汁。可是，哪杯橙汁多呢？请你也来思考一下吧。

思考分析

要想知道哪杯橙汁多，就要进行比较。比较的方法有很多：1. 把橙汁倒进大小相同的两个杯子中，看看哪杯倒得多；2. 先把一杯橙汁的高度做上标记，喝完，再把另一杯橙汁倒进去，进行比较。

33

拓展思路

淘淘妈妈又端来了三杯甜甜的苹果汁，请比较一下，哪杯苹果汁多？

答案提示

同样，我们可以用比较橙汁多少的方法比较苹果汁的多少。

智慧提升

淘淘和乐乐借助生活经验，通过观察、动手操作进行物体间多少的比较，知道了比较的方法，希望小朋友也学会这种比较的方法，正确比较出结果。

巧妙的错误

故事分享

淘淘家住在幸福小区，门口的超市开业啦，幸福小区周边的人们都来凑热闹，一下子，超市里面人来人往，非常热闹。

家里来了客人，妈妈让淘淘出门去买点水果回来，淘淘一口答应了。在去超市的路上，淘淘听到许多人都在谈论刚开业的那家超市，说里面的水果和菜都很新鲜，而且超市的工作人员服务也很好，听到这里，他准备进去转一转。

淘淘来到超市里，这里的生意真好呀！前来买东西的人络绎不绝。淘淘转到水果区，挑了一些苹果和桃子，在称重处称好之后，就准备去结账了。看着正在忙碌的收银员，淘淘决定先把需要付的钱准备好。

终于快轮到淘淘了，前面的一个人正在结账，淘淘已经等不及了，他眼巴巴地望着收银员，心里想着能再快点就好了。这时，淘淘看到前面的一位叔叔从口袋里拿出了100元，收银员找了他91元。拿到91元放入自己的口袋之后，他又突然对收银员说："哦！不好意思，我兜里又找到了9元的零钱，我把9元钱给你，你将我给你的100元还给我。"收银员想了一下，就将100元还给了那位叔叔。

结账后，那位叔叔正准备走出超市，这时，淘淘叫住了他，同时对收银员阿姨说："你们两个的钱算错了。"同学们，淘淘说得对吗？售货员阿姨真的算错了吗？

思考分析

那位叔叔消费了 9 元，他首先付了 100 元，而收银员也找零 91 元，他们的本次交易其实已经完成了。而这时，那位叔叔再拿着 9 元零钱，要求换回之前的 100 元，这已经不能算是等价交换了。所以，一定出错了，淘淘说的是对的。

拓展思路

如果这件事情没有被淘淘发现并制止，那么超市在这一次结账中会实际亏损多少钱呢？

答案提示

这其实是一个很简单的错误，那位叔叔有了零钱之后，给了收银员 9 元，要回了自己原来的 100 元，但是之前售货员阿姨已经找回给他 91 元，所以他多拿了 91 元。如果淘淘没有发现并制止这件事情，超市将会亏损 91 元。

智慧提升

在我们的生活中，像这样看似正确的例子有很多，在遇到问题的时候，我们首先要保持清醒的头脑，然后弄清楚事物之间的关系，这样的话，我们就能避免简单的错误。

买文具

故事分享

开学啦！淘淘来到文具店里购买文具。在出门之前，淘淘首先清点了一下自己的购物需求：家里数学本足够用了，铅笔够用了……根据需求统计，一张购物清单就被清晰地罗列了出来。淘淘需要购买 5 本作文本和 1 块橡皮。

文具店里人真多啊，淘淘在逛的过程中遇到了他的好朋友乐乐，他也来购买作业本，乐乐需要购买作文本、数学本各 5 本。

两人结伴而行，先是将整个文具店浏览了一遍，然后来到了作业本区。只见货架上整齐地摆放着作文本、数学本、英语本、笔记本等，在它们下方就是价格了：作文本每本 2 元，数学本每本 2 元，英语本每本 3 元……淘淘用眼睛一扫，就开始计算自己需要花多少钱了。乐乐刚刚在脑海里算到一半，淘淘已经算好了自己需要花费多少钱了。等乐乐算完，淘淘问："你需要多少钱呢？"乐乐说："作文本 2 元一本，所以我买作文本需要花：1 本 2 元，2 本 4 元，3 本 6 元，4 本 8 元，5 本 10 元，作文本需要 10 元。数学本也是 2元 1 本，买 5 本也需要花 10 元。买 5 本作文本和 5 本数学本，需要花费的两个 10 元合在一起，一共是 20 元。""对，你算得没错，我也买了 5 本作文本，但是没有买数学本，我还买了 1 块橡皮，我比你少花了 9 元。"

小朋友，你知道淘淘总共花了多少钱吗？你能列式并计算出 1 块橡皮的单价吗？

思考分析

乐乐买 5 本作文本和 5 本数学本，一共消费了 20 元，淘淘说："我比你少花了 9 元。"那么，淘淘花费的金额我们就能根据条件列出算式来计算：20 − 9 = 11（元）。

淘淘需要购买 5 本作文本和 1 块橡皮。借助乐乐购买 5 本作文本的计算，不难得出淘淘购买 5 本作文本需要花费 10 元。淘淘一共花的钱是 11 元，那么 1 块橡皮的价格很快就能计算出来：11 − 10 = 1（元）。

拓展思路

如果把淘淘购物清单中的 1 块橡皮换成 1 本英语本，淘淘会比乐乐少花多少钱呢？

答案提示

1 块橡皮换成了 1 本英语本，我们就需要先计算出淘淘购物的总钱数。根据故事中的数学信息，1 本英语本是 3 元，买 5 本作文本和 1 本英语本，一共花费 10 + 3 = 13（元）。用乐乐花费的 20 元，减去 13 元，即 20 − 13 = 7（元），即可算出淘淘比乐乐少花了 7 元。

我们也可以这样计算：

将 1 块橡皮换成了 1 本英语本，在价格上，一块橡皮 1 元，一本英语本 3 元，淘淘当前的购物清单比之前的购物清单多花费了 3 − 1 = 2（元）。之前淘淘比乐乐少花了 9 元，现在比乐乐少花了 9 − 2 = 7（元）。

智慧提升

    在购物过程中，我们往往会根据需要列出购物清单，即购物的种类、数量等。而在实际购物的过程中，我们需要找到所需物品的单价。有了单价和数量，我们不难计算得出购买这些物品的总价。

乘船方案

故事分享

    实验小学一（3）班在张老师的带领下，来到了美丽的秀水湖春游。在湖边，除了美丽的风景，还有游船供游客们观光乘坐。只见码头左边停靠着许多大船，码头右边停靠着许多小船。张老师在强调了安全须知之后，派欢欢先去打听乘船须知，并让飞飞征求大家的乘船意见。孩子们都很开心，可是大家的意见出现了分歧。有人愿意坐小船，有人愿意坐大船。到底该怎么办呢？淘淘说，我们必须要统计出具体数据。为了统计方便，飞飞统计男生的乘船意向，慧慧统计女生的乘船意向。最后，两人进行了数据汇总。通过调查，愿意乘大船的男生有15人，女生有6人。而愿意乘小船的男生有12人，女生有8人。这时，淘淘提出："我们来计算一下愿意坐大船和坐小船到底哪一边的人多吧。愿意坐大船的男生比愿意坐小船的男生多 $15 - 12 = 3$（人），愿意坐小船的女生比愿意坐大船的多 $8 - 6 = 2$（人）。$3 - 2 = 1$（人），愿意坐大船的人数比愿意坐小船的人数多1。"乐乐点头道："我的算法和你不同，不过结论一样。愿意坐大船的同学有 $15 + 6 = 21$（人），愿意坐小船的同学有 $12 + 8 = 20$（人），$21 - 20 = 1$（人），所以应该少数服从多数，坐大船。"此时，慧慧突然说道：

"我们好像忘记了把张老师的意愿算上去了。""呀，统计了半天，居然把张老师漏掉了。张老师，真是不好意思！"飞飞摸了摸自己的头。

这时，欢欢回来了，她为大家介绍了乘船须知——大船最多能坐 11 人，小船最多能坐 5 人。张老师笑着说道："我的乘船意向是坐大船……"还没等张老师说完，淘淘立刻大叫起来："我知道啦！我知道啦！我有一个非常完美的方案！"

淘淘将他的方案展示给大家，大家纷纷满意地笑了起来。因为这个方案不仅人员安排合理，保证了船上位置利用的最大化，既没有空位置，而且保证了每个人不同的乘船需求。张老师听完之后，表扬了大家肯动脑筋、齐心合力的做法。最后，大家一起决定："就按淘淘的乘船方案来吧！"

思考分析

要保证船上位置利用的最大化，既没有空位置，并且保证每个人不同的乘船需求，就要先弄清楚愿意乘大船的有几人，愿意乘小船的有几人。

根据信息，我们不难得出需要乘船的小朋友有 41 人，大人（即张老师）有 1 人，一共 42 人。其中，要乘大船的小朋友有 21 人，加上张老师，即共有 22 人乘大船，而要乘小船的人数有 20 人。根据这些信息，和大船小船能够乘坐的人数，我们就不难计算出需要租 2 艘大船、4 艘小船了。

拓展思路

如果 48 人乘船，不考虑乘船意向，仅仅根据乘船人数，以及乘船须知，你能想出最优化的乘船方案吗？

答案提示

一艘大船能乘坐 11 人，3 艘大船正好乘坐 33 人；一艘小船能乘坐 5 人，3 艘小船能乘坐 15 人。33 + 15 = 48（人），所以 48 人乘船，需要租 3 艘大船和 3 艘小船。

智慧提升

乘船方案的设计问题，可以说是数学中简单的最优化问题。在最优化乘船问题中，需要考虑如何乘坐更合适，从而进行合理安排。

放学啦

故事分享

淘淘、飞飞和乐乐放学后喜欢在学校周边活动。今天放学，妈妈接到淘淘后，淘淘对妈妈说："我今天想去体育馆打篮球！"淘淘主动要求进行体育活动了，妈妈特别高兴，他们两个骑车径直向北去；飞飞的爸爸要去邮局寄个包裹，于是他和飞飞向东走去；乐乐的爷爷带着乐乐向东北方向走去。根据下面的示意图猜一猜，乐乐今天放学去了哪里？

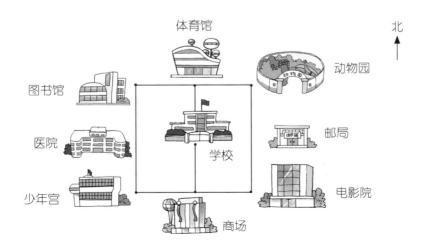

思考分析

下面是一个方向板，东北方在东和北之间，对照方向板想一想，乐乐今天去了哪里啊？请你把方向板填写完整。

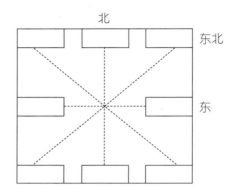

拓展思路

乐乐看到大家将方向板填好了，就问慧慧："少年宫在学校的什么方向呢？"慧慧拿出方向板，看了一下说："这简单，少年宫在学校的西南方向。"乐乐看了一下，接着问道："学校在少年宫什么方向呢？"慧慧想了一下，说："也是西南方向。"乐乐笑了，说错了，慧慧看着乐乐怎么也想不明白怎么错了。同学们，你们知道吗？

答案提示

"学校在少年宫什么方向"是以少年宫为观测点来观察的，我们用方向板的中心对着少年宫，就会发现：学校在少年宫的东北方向。

智慧提升

在辨别方向的时候，我们可以借助方向板来辨认。在辨别时，先找到观测点，再进行判断，这样不容易出错。

有多少小朋友

故事分享

星期六的下午，乐乐来到淘淘家里，准备和淘淘一起出去玩。在等电梯的过程中，他们从楼上看到幸福小区的广场有好多人，于是还没有想好要去哪里玩的两人决定去广场上看一看。

原来，是附近的一家幼儿园开业了，他们在这里做活动，吸引了一大群孩子和家长围观。淘淘与乐乐来到的时候，幼儿园的老师们正带领着一群小朋友做游戏。跟着音乐的节奏，在老师们的指导下，小朋友们玩得可开心啦！他们在铺在地上的道具绳梯上学小狗爬，还有学螃蟹走路，学青蛙跳，做各种游戏。淘淘和乐乐也被吸引住了，觉得非常有趣。这时，淘淘对乐乐示意说："你注意到没有，地上有两个一模一样的绳梯，它们的格子数、格子大小都是一样的，那为什么老师一吹哨集合的时候，右边玩游戏的那一组老是赢呢？"乐乐听完，很肯定地说："那当然啦，右边的那一组都是大一点儿的孩子，他们个子高，跑得快，每次游戏当然都是他们赢。""这可不是关键哦，虽然个子高、跑得快确实占了一点便宜，但是老师一直根据音乐控制他们上绳梯的节奏。也就是说，两边的人，无论快慢，他们的人数都是一个一个进入的。

等一个人完成之后，下一个人才会被允许进入。其实，如果你认真观察的话，会发现他们的人数在变化哦！"淘淘神秘地说，他们的人数并不是不变的呀！

"我发现，由于四周都围满了人，尤其是小朋友们都站在绳梯两边，所以很多人都没有注意人数问题。在玩螃蟹步游戏的时候，右边的小队有 3 个小朋友本来不在队列，但是他们也排队进入绳梯了。在螃蟹步完成之后，有 1 个小朋友离开了队伍，也就是说，他们的人数是在增加，而左边的小队，仅仅只有 1 个小朋友离开了队伍。在最后的游戏中，他们玩了一个老鼠钻洞的游戏，我发现，其实两边的人数还是一样多的，和绳梯的洞数是一致的呢。"淘淘不无得意地说道。乐乐看着绳梯，仔细数一数，发现一个绳梯共有 15 个空。那么，游戏开始之前，两边的小朋友各有多少人呢？

思考分析

最后的游戏环节，玩游戏的人数，即两个队伍的人数都是和绳梯的空一一对应的，所以应该都是 15 人。依次向前推理，在玩游戏的过程中，右边的队伍有人加入，也有人离开，那么，他们之前的人数应该是 $15 + 1 - 3 = 13$（人）。而左边的队伍仅有 1 人离开队伍，所以原来的人数是 $15 + 1 = 16$（人）。

拓展思路

如果比赛后两支队伍都是 15 人，比赛过程中，左边的队伍有 4 人加入，5 人离开，右边的队伍有 3 人加入，4 人离开。那么比赛前两边的人数哪个多呢？

答案提示

我们可以这样进行思考：

左边的队伍：$15 + (5 - 4) = 16$（人），左边队伍原来有 16 人；

右边的队伍：$15 + (4 - 3) = 16$（人），右边队伍原来有 16 人。

所以，最终两边的人数一样多。

我们还可以这样思考：

左边的队伍有 4 人加入，5 人离开，也就是一共有 1 人离开；右边的队伍有 3 人加入，4 人离开，也就是一共有 1 人离开。比赛结束后队伍两边都是 15 人，所以，比赛前两边的人数也是一样多，都是 16 人。

智慧提升

还原法是一种重要的解决问题的方法。我们不知道原来的队伍有多少人，在玩游戏的过程中，我们知道了有多少人加入，又有多少人离开，也知道了最终的队伍人数。根据这些信息，我们不难倒推出原来队伍的人数。这样的倒推，其实就是用还原法解决问题。

最大的数是多少

故事分享

你知道最大的数是多少吗？在周末的家庭读书会上，淘淘与家人就这个问题展开了激烈的讨论。尽管如此，最终还是没有一个准确的答案。妈妈告诉淘淘："天上星星的数量就是最大的数。"爸爸对淘淘说："如果我说，我说出来的数永远要比你知道的数大一，你认为你的数还是最大的吗？"淘淘有些不明白，因为这实在是太不可思议了。

来到学校里，淘淘找张老师问答案："张老师，世界上最大的数是多少啊？"

"任何一个人都不能数到数的尽头。"张老师说道，"到目前为止，不管是多有天分的数学学者，也没有人能够找到数的尽头。我们当前的学习，已经认识到了100，但是，比100更大的数还多着呢。你可以上网去搜集一些资料看一看。"

放学后，淘淘和乐乐一起查阅了关于最大的数的许多资料。数学家们为了找到世界上最大的数，真是煞费苦心、上下求索。阿基米德曾经说："把地球的所有海洋和洞穴都用沙粒装满，将需要多少粒沙子呢？"从这个问题出发，他得出了10的51次方，即10^{51}。这是一个庞大的数，却不是世界上最大的数。

在东方，人们也在为寻找最大的数而不懈努力。古代中国把"极"看作最大的数，"极"是相当于10的48次方的巨大数，但是"极"显然也不是世界上最大的数。

在印度，人们找到了比"极"更大的数，它是10的52次方，被称为"恒河沙"。大到无法计量的"无量大数"，在印度和中国等东方国家被认为是最大的数，但是"无量大数"还不是世界上最大的数。

事实上，数根本就没有尽头，虽然无法把数全部数完，但我们可以不断延伸对数的认识。因此，现代数学中就产生了表示"数是没有尽头的"含义的"无限大"，用符号 ∞ 来表示。

许多大数读起来并不方便，为了更方便阅读，人们从数的末尾开始，每三个数字插入一个逗号。这样一来，就大大降低了读的难度。数的大小决定了数的数目，"无量大数"不能找到，数的数目怎么能搞清楚呢？

淘淘终于知道了，原来世界上最大的数是不存在的。

思考分析

小朋友，100 以内的数的认识、读、写与计算仅仅是学习的基础哦！在我们的学习中，有一位数、两位数、三位数，之后还有四位数、五位数、六位数……在小学阶段，我们将会认识这些数，学习它们的读写方法及意义。

拓展思路

你在哪里看到过哪些数？请将你看到的这些数及内容记录下来，等你长大了，再来回顾这些，你就会知道，他们是什么，有什么用处了。

答案提示

在我们的学习过程中，将会接触到更多比百还要大的数。当我们的知识积累到一定的阶段就会知道，数的世界实在是太广泛、太精彩了。未来，还有许许多多的数学奥秘等着我们去探索呢！

智慧提升

数的认识是小学数学中的重要内容，因此，我们要牢牢把握。数很有趣，并且知道数是无穷无尽的，这对我们未来的学习非常重要。

好玩的页码游戏

故事分享

淘淘很喜欢读书，最近淘淘收到来自美国的表弟寄给他的书，他喜欢极了。看书的时候，他注意到页码的排列是有规律的。他在数学课外阅读交流会上分享了这个发现。

"我发现，每张纸上的页码都是正面单数，反过来就是双数。任意打开两页，左边为双数，右边为单数，并且两个数永远是挨着的。"淘淘刚刚分享完，大家都迫不及待地去翻书验证，经过验证，淘淘收获了全班同学的掌声。这时，淘淘接着说道："下面来考考大家，我们一起来玩一个页码游戏。"

大家最喜欢玩游戏了，全班同学的热情都被调动了起来。"我随手翻开了书，右边的页码是37，大家知道我翻到的书的页码数之和是多少吗？"

话音刚落，乐乐就举起手来，"你翻到的页码数之和是73。"乐乐自信地回答道。

"对，挑战成功，那么接下来请你根据页码游戏的规则来出题。"淘淘肯定了乐乐的答案，并将提问的权利交给了乐乐。

"我随手翻开了书，把两个页码加起来，和是65，大家知道我翻到的是书的哪一页吗？"乐乐灵机一动，提问道。

"是 32 或 33 页。因为我随手翻开的也是这一页。"飞飞抢答道。哈哈，全班哄笑了起来，真是巧合啊。

"你能用自己的话来解释一下为什么吗？"乐乐也笑着说。

"没问题。"飞飞拍着胸脯说，"这可难不倒我呢。根据页码的排列规律，左右两页中一页是双数，一页是单数，书的两个页码是挨着的数，所以，后面的单数比前面的双数要大 1。我们把 65 的个位数拆成两个连着的数，把十位数拆成两个一样的数，这样就能得出 32 + 33 = 65 了。"

"你的推论很精彩，可是我有疑问，如果两个数的和是 71，十位数就没办法拆成两个一样的数啦！"慧慧发言了，一上来就提出了质疑。

"你说的这种情况我也发现了，可以先把个位的 1 看成 11，两个连着的数加起来等于 11 的，就只有 5 和 6 了。接下来，十位上的 7 被借了 1 就变成 6 了。这就很容易拆成两个一样的数了。"飞飞确实胸有成竹，这么难的问题竟然回答得这么清晰。

亲爱的小读者，淘淘也留了一个页码游戏给你试一试：我随手翻开了数学书，把两个页码加起来，和是 97，请问我翻开的是哪一页？

思考分析

如果页码数之和中的个位数字是 3，是可以简单地拆分为 1 + 2 的，依此类推。如果十位上的数字是单数，个位数字是 1、3、5 或者是 7，例如：两个页码数字之和为 53，那么个位数字的 3 需要向十位借 1 再拆分，即 13 = 6 + 7。同时，相对应地，十位上的数字会被个位借 1 之后从而变成了双数，就可以拆分成相同的数。

淘淘翻开的页码之和为 97，考虑到 97 的十位上的数是单数，不能拆分为两个一样的数，因此，十位上的 9 被借 1，变成 8，从而两个数十位上数字为 4，个位上数字就是 8 和 9 了。因此，答案为 48 页与 49 页。

拓展思路

如果在页码游戏中，随机翻开的两个页码数之和是 129，你能拆分得出两个页码分别是多少吗？

答案提示

129 = 64 + 65。因此，随机翻开的页码是 64 页和 65 页。

智慧提升

页码游戏，看似简单，其实非常锻炼我们的能力。而将页码游戏像故事中那样去玩，就必须把数进行有效的拆分，从而知道两个连续的数分别是多少。

货币面额中的学问

故事分享

淘淘最近需要花钱。周一早上刚要上学，他就叫住要出门的爸爸，向爸爸要零用钱。爸爸拿出一张 10 元给他。他努努嘴说道："这一周乐乐过生日，我肯定要准备生日礼物。"爸爸笑道："好啊，可是我先考考你，你什么时候答对了我的问题，我再给你拨专款吧！钱为什么只有 1、2、5 角，1、2、5 元和 10、20、50、100 元？"把问题丢给淘淘后，爸爸就出门了。

淘淘答不上来，只好去向同学求助。乐乐是一个万事通，找他问答案准没错。乐乐告诉淘淘，这个问题他之前正好了解过。

由于人民币是在市场上流通的货币，银行在发行时就希望货币的面额品种尽量少，但又能容易组成 1 ~ 9 这九个数字。这样就既能减少流通中的麻烦，又能顺利完成货币的使命。1、2、5 是符合上述要求的最佳选择。因为除了 1、2、5 本身，其他数都可以用这三种面额组合起来实现。如：

$$1 + 2 = 3 \qquad 2 + 2 = 4 \qquad 5 + 1 = 6$$

$$5 + 2 = 7 \qquad 5 + 2 + 1 = 8 \qquad 5 + 2 + 2 = 9$$

这就是说，人民币的面额有 1、2、5 元三种就够了，不需要面额是 3、4、6、7、8、

9 元的。同样地，也只需要 10、20、50 元，便能最方便地组成 30、40、60、70、80、90 元。

原来货币面额组成的背后竟然有这么多的数学问题！

根据同样的数学道理，请你设想一下，如果我国将要发行大于 100，小于 1000 的人民币，银行可能会发行什么面额的人民币？

思考分析

目前，我国的货币人民币的面额为 1、5 角，1、5、10、20、50 和 100 元。随着经济水平的不断提高和人民生活的不断改善，一些曾经发行的面额正在逐步减少，如 1、2、5 分的纸币已经消失，顺应这样的发展趋势，未来我国极有可能会发行大额人民币，即大于 100 元、小于 1000 元面额的人民币。那么，发行的人民币也将会延续 1、2、5 这样的配额形式，以便于发行面额品种最少，而实用价值最高。

因此，如果我国将要发行大于 100 元面额、小于 1000 元面额的人民币，只需面额是 100、200、500 元三种人民币即可，因为这样最方便凑成 300、400、600、700、800、900 元。

拓展思路

世界上很多国家的货币也是由 1、2、5 这三个面额组成的，但是也有一些国家的货币是由 1、3、5 这三个面额组成的，这当然也符合方便简单的要求。你知道为什么吗？

答案提示

用 1、3、5，也能组合得到其他几个数，因此，面额用 1、3、5 的组合也是可以的。用 1、3、5 可以组成其他面额。如：

$1 + 1 = 2$ $3 + 1 = 4$ $5 + 1 = 6$

$5 + 1 + 1 = 7$ $5 + 3 = 8$ $5 + 3 + 1 = 9$

智慧提升

　　人民币的面额是我们经常看到的，让我们从日常生活中的问题进行思考和追问，用数学的眼光观察生活，用数学的思维思考生活，真正思考数学在生活中的应用，在解决问题的过程中进一步提升我们对数学的认识吧。

买　菜

故事分享

奶奶负责全家的食品采购，是一个买菜高手。今天是周末，淘淘感到特别高兴，因为今天他要和奶奶一起去买菜，终于可以大干一场，自己独立搞价买菜了。今天，奶奶仅仅是陪同淘淘，剩下的事情需要淘淘自己完成。拿着买菜清单，带上钱，淘淘一蹦一跳地和奶奶出门了。别看淘淘个子小，他可是非常的聪明能干，一来到菜摊，就开始像经验丰富的老手一样，东瞅瞅，西问问。最后，他决定在眼前的菜摊前买菜。经过讨价还价之后，聪明的淘淘将每千克1元的洋葱压价到每千克9角，并且告诉菜贩子要买3千克洋葱，然后拿出了一张10元的人民币递了过去。

菜贩子接过钱后，从一叠零钱里抽出一张5元，一张1元，三张1角，然后对淘淘说："找你6元3角，数一数吧，对不对？"

淘淘接过钱数了一遍，不多不少正好是6元3角，于是提起菜篮子就走了。

回到家以后，奶奶首先表扬了淘淘，夸赞他今天买菜的表现不错。然后，奶奶拍着淘淘的头说道："孩子，虽然你的表现已经很棒了，可是你犯了一个不该犯的错误呀！仔细想一想，你在哪里粗心大意了呢？"奶奶继续说："虽

然你妈妈常夸奖你在学校里的数学非常好，但是更应该学会应用。"

淘淘赞同地点了点头，奶奶又接着说："算账的时候，如果一下子就考虑得很细，有可能抓住芝麻，丢掉西瓜，因小而失大。验算要先抓西瓜，看看得数的首位数对不对？如果大数目对了，有时间再抓一抓'芝麻'，算算细账。实在没有时间就算了。即使小数目有点误差，损失也是微乎其微的。"

淘淘听完之后，仔细回想了一下买菜的过程，终于找到了自己马虎大意的地方。有了这一次的经历，淘淘下定决心，今后自己一定要更加认真细心。

思考分析

淘淘买3千克洋葱，需要支付2元7角，10元减去2元7角，应该是7元多，所以，淘淘买洋葱后应找回7元3角。

拓展思路

如果淘淘在另一个菜摊买了韭菜2元3角、芹菜1元5角，付给叔叔5元钱，应找回多少钱？

答案提示

我们可以先估算一下，一共花去3元多，不到4元，应该找回1元多。可以先算出买韭菜和芹菜的钱一共是3元8角，5元减去3元8角，是1元2角。也可以先用5元减去2元3角，等于2元7角，再减去1元5角，等于1元2角。所以，淘淘买菜应找回1元2角。

智慧提升

在日常生活中，数学知识的应用无处不在。估算是最简单、最实用的数学技能。淘淘买菜的故事告诉我们，如果估算运用得好，那么将会避免很多显而易见的错误。当然，仅仅估算还是不够的。数学是严谨的学科，数学计算更是马虎不得。养成计算之后认真检验的习惯，那么无论是什么样的计算，我们都能做到计算正确。

四则运算符号的由来

故事分享

"淘淘同学在 10 月份的数学学习中表现优异，获得了'数学日记小达人'的荣誉称号。"这是淘淘收获的第一张喜报，说起来，这张喜报的获得可不容易呢！

一年级下册的数学学习中，很多内容都是减法。虽然一年级上册已经学习过了加法，但是减法算来算去好像并不是那么好玩，而且还经常出错。张老师为了鼓励大家学习，想了许多好办法。其中，写数学日记就是一项特色作业。

淘淘对此非常感兴趣。可是，数学日记该怎么写呢？又怎么帮助同学们去学习数学呢？淘淘一开始也很为难，他只好去问爸爸。爸爸听完之后，笑着对淘淘说："最简单的方法，就是留意你身边发生的事情，然后用数学的思考方式把它记录下来。"

淘淘又去找好朋友乐乐，想和他讨论一下该怎么办。乐乐对淘淘说："我们可以通过在日记里记录每日一题，通过难题、错题的记录分析来提高自己的计算能力。"

后来，淘淘还询问了许多人，每个人好像都有不同的看法和思路。听了

这么多的想法之后，淘淘灵机一动，突然拍手笑道："我怎么才想到呀！"

于是，淘淘用自己的方法，写了一篇关于"加、减号的由来"的数学日记。通过这次经历，淘淘找到了自己今后写数学日记的突破口——查阅、分享有趣的数学故事。

在月末的班级评价会上，张老师亲手将喜报颁发给了淘淘，并在班上表扬了淘淘同学的好学上进。"有限的数学课堂可以带给我们无限的学习空间，通过淘淘同学本月的数学日记，我看到了他的努力与智慧，他已经找到了自己探索数学世界无穷奥秘的方法。孩子们，只要我们有一双善于发现的眼睛，就会学有所获，让我们一起在数学王国里尽情畅游吧！还有更多的奥秘等待着大家去探寻呢！"

亲爱的小读者朋友，如果你也想像淘淘一样收获自己的成长与快乐，不妨从现在开始，踏上书写数学日记的发现之旅吧！如果你不知道写什么，也可以像淘淘一样，认真查阅资料，了解我们当前所学习的加、减号的由来。这样，更有助于丰富我们的数学学习哦！

思考分析

"＋""－"出现在中世纪。当时的酒商在出售酒以后，用横线标出酒桶里的存酒，而当桶里的酒又增加时，使用竖和横表示增加的酒量。1489 年，德国数学家魏德曼在他的著作中首先使用"＋""－"表示剩余和不足。1514 年，荷兰数学家赫克把它用作代数运算符号。后来又经过法国数学家韦达的宣传和提倡，才开始普及。直到 1630 年，才得到大家的公认。其实，早在中国商代，已经有了加、减法运算，但是同其他几个文明古国如古埃及、古希腊和古印度一样，却没有加、减符号。

小学的数学学习是鲜活的，有趣的。淘淘通过记录数学日记，不仅调动了学习的积极性，而且丰富和扩充了自己的数学知识。其实，我们应该像淘淘那样，对数学学习要追根溯源。了解加、减号的由来就是通过历史故事来了解加、减法，其实它就是表示增加、减少的具体意义。

拓展思路

除了加、减法，你还知道哪些运算？你还知道用哪些运算符号来表示这些运算呢？

答案提示

除了加、减法，还有乘法和除法，可以用"×"和"÷"分别表示。

"×"表示乘，是英国数学家奥特雷德首创的。他在 1631 年出版的《数学之钥》中引入这种记法。据说是由加法符号"＋"变动而来，因为乘法运算是从相同数的连加运算发展而来的。

除法符号"÷"是英国的瓦里斯最初使用的，后来在英国得到了推广。除的本义是分，符号"÷"的中间的横线把上、下两部分分开，形象地表示了"分"。

智慧提升

丰富数学学习，巩固与拓展知识视野的方法有很多。数学日记是其中简单易操作的方法之一。除此之外，记录真实生活情境、建立错题集、编写数学故事、记录解决生活实际问题等都是非常好玩并且实用的做法。如果能够坚持记录数学日记，我们的数学学习将会趣味无穷。

七巧板的玩法

故事分享

最近，玩七巧板的益智游戏悄悄地在学校里面流行了起来。神奇的七巧板可以变换出各种不同的图案来。淘淘很喜欢这样的智力玩具，他已经是一个拼图高手了。他能够熟练地拼出三角形、平行四边形、不规则的多边形等，也可以拼成各种具体的人物形象和如猫、狗、猪、马等动物。

将一块正方形的板按下图所示方式分割成七块，就成了七巧板。

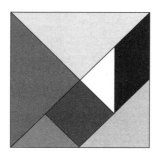

张老师鼓励大家在课余时间交流探索七巧板的玩法，并提出了这样一个问题："小朋友们，你们知道七巧板是怎样演变而来的吗？"

思考分析

七巧板其实是由一种古代家具演变而来的。

宋朝有个叫黄伯思的人，对几何图形很有研究，他热情好客，发明了一种用 6 张小桌子组成的"宴几"——请客吃饭的小桌子。

后来有人把它改进为 7 张桌组成的宴几，可以根据吃饭人数的不同，把桌子拼成不同的形状，比如，3 人拼成三角形，4 人拼成四方形，6 人拼成六边形……这样用餐时人人方便，气氛更好。

后来，有人把宴几缩小改变到只有七块板，人们常用它拼图，再后来演变成一种玩具。因为它十分巧妙好玩，所以人们叫它"七巧板"。

拓展思路

七巧板由五块等腰直角三角形（两块小三角形、一块中三角形和两块大三角形）、一块正方形、一块平行四边形组成。为什么七巧板中没有长方形呢？

答案提示

七巧板是基于采用最少的、最基础的 7 个图形，拼出常见图形的原则设计的。

长方形可以由已有的最基础的图形拼出，所以，长方形就没有被选入七巧板内。

智慧提升

七巧板是古代中国劳动人民的发明，19 世纪初，七巧板流传到西方，被人们称为"东方魔板"。它结构简单、操作简便、明白易懂，我们可以用七巧板随意地拼出自己设计的图样，但如果你想用七巧板拼出特定的图案，那就会遇到真正的挑战，这正是七巧板的乐趣所在。七巧板可以拼出 1600 种以上的图案，能够提高我们的智力和观察力。

淘淘的发现

故事分享

淘淘已经认识了许多图形。在数学课上，张老师要求大家用发现的眼光寻找生活中的图形。淘淘一下子就找到了好多，他把他的发现写在了数学日记里。让我们一起去看一看吧：

　　我们书本的面、课桌的面都是长方形的，还有黑板的表面、篮球场的面、足球场的面，也都是长方形。

　　家里开关的面是正方形的，我们使用的折纸的面也是正方形的，还有正方形升旗台的面、正方形窗户的面、正方形的桌面等。

　　圆，我们随处可见，月饼的上下面、茶叶罐的上下面、药瓶的底面都是圆。还有硬币的面、纽扣的面、张老师盖在我们本子上的奖章等，这些也都是圆。

　　我们上学期还认识了长方体、正方体、圆柱等立体图形。妈妈告诉我，生活中的房子、魔方、柱子、水杯等都是立体图形。

　　最后，和大家分享一个秘密，这可是我无意中发现并记录下来的哦!

　　乐乐拿了一张纸放在桌面上，我站在他的左边，看到纸是正方形，站在乐乐右边的飞飞也说他看到的是正方形。可是周围的其他同学却说这张纸是长方形，是我们两个弄错了吗？你知道这是为什么吗？

思考分析

乐乐拿出的长方形纸，它的长和宽应该十分接近。所以淘淘和飞飞两个人从他们的角度去观察，可能就会有不同的结果。淘淘和飞飞两人站在乐乐的两边，我们都知道，从观察的视野来说，远方的物体显得小，近处的物体相对比较大。其实物体的大小没有变，变化是空间上的距离对观察时的视觉影响而产生的结果。

在观察时，由于角度不同，长和宽比较接近的长方形容易被看成是正方形。因为视线出发的角度不同，到达桌面上长和宽的时候，就容易被影响，从而产生不同的观察结果。

拓展思路

图形不仅美观，而且非常实用。你知道为什么在自动伸缩门上面有许多平行四边形吗？为什么窨井盖是圆形的呢？

答案提示

自动伸缩门上面有许多平行四边形，在拉伸和压缩的时候，不会变成别的形状，这是其他图形不具备的。窨井盖是圆的，无角，不容易掉下去，还便于井下操作。

智慧提升

认识平面图形，是小学数学学习的启蒙和基础。只有在生活实际中善于发现这些图形，然后形成直观感知，才能形成浓厚的学习兴趣，从而更好地去学习平面图形的特点。

哪个图形最有用

故事分享

在认识了许多图形之后，淘淘和乐乐发生了争执。哪个图形用处最多、功劳最大？淘淘认为："圆的用处最多，你看，生活中到处都有圆。"乐乐说："长方形才是用处最多、功劳最大的呢！我见到的长方形比圆要多。"

在认识平面图形的学习中，他们主要认识了长方形、正方形、三角形、平行四边形、梯形和圆。这些图形都有各自的特征和用处。要比较起来的话，很难取舍，不知道谁是最有用的图形。

于是，淘淘和乐乐来到了张老师的办公室，想让他说一说哪个图形的用处最多。

张老师说："这些图形的特点各不相同，而且用处也各有千秋，我结合了很多图形的优点发现，其实正方形应该算是最有用的图形。"

张老师的答案是正方形，可是没有说为什么。淘淘和乐乐还是感到很困惑，为什么是正方形呢？两人想到了一个好办法，他们准备去查一查关于正方形的资料，来看一看正方形都有哪些用处。

通过查阅资料，他们发现涉及正方形的内容真多呀！有一些地方他们虽然看不懂，但是感觉正方形真的很有用。

正方形属于特殊的平行四边形，它的对边平行且相等；又属于特殊的长方形，它有四个角都是直角。 也就是说，正方形吸收了长方形、平行四边形的所有优点。同时，正方形是轴对称图形。一般平行四边形不是轴对称图形，长方形和菱形有两条对称轴，正方形有四条对称轴，比其他图形都要多。因此，可以说正方形的优点最多、用处最大。而且，它的对称性非常好，因此看起来非常好看。正方形的优点还有很多，在以后的学习和研究中，我们还会有更多的发现。

淘淘和乐乐在看完这些资料之后，感叹道："原来正方形综合了这么多图形的优点呀！"看来它真的是用处最多、功劳最大的图形呀！

你还知道正方形的哪些特点和用处吗？可以查阅资料哦！

思考分析

正方形是特殊的长方形；正方形的四个角都是 90°，它的内角和为 360°；正方形的对角线相等且互相平分；正方形的每条对角线平分一组对角；正方形可以通过不同的旋转方式，得到许多不同的美丽图案。

拓展思路

通过细心观察和直观感知，我们都能从生活中找到这些图形。这些图形为什么会出现在这里呢？又有什么用处呢？你能举例说明吗？

答案提示

从生活实际出发，我们会发现许多图形就在我们的身边，有的是利用了这些图形美观、大方的特点，有的是运用了这些图形自身的特征，还有的是综合了许多图形的特点及运用，来服务于我们的生活，带给我们方便。只要我们善于观察和发现，认真学习图形的相关知识，我们就能掌握这些图形，从而创造出更多的价值。

智慧提升

在小学阶段，图形是非常重要的学习内容。故事中哪些图形最有用的问题，其实就是运用了学生对于图形的认识，从而综合各个图形的基本特征、基本应用来进行的综合比较。

比大小

故事分享

淘淘最近学习了比大小，他对使用数学符号">""<"和"="来比较数的大小非常感兴趣。在一篇数学童话里，淘淘编写了一个美丽的数学故事。

任何一个团体都需要秩序来约束大家，数学王国也是如此。很久以前，数学王国里并没有秩序，成员们经常为了分出本领的大小而打架。因此，数学王国整日不得安宁。数学天使看见这样的情况，他很生气，于是就派">""<"和"="三个小天使，到数学王国协助国王安排秩序。

三个小天使来到了数学王国，"="天使对着0～9十个兄弟说："我们是数学天使派到你们王国的法官，帮助你们治理国家。我是等号，在我两边的数总是相等的。这两位是大于号和小于号。他们开口朝谁谁就大，尖尖朝谁谁就小。"

十个兄弟一听他们是数学天使派来的法官，觉得等号讲得非常有道理。他们几个都愿意服从三个小天使的命令。通过比较，数学王国的人都各自找到了自己的位置，从此以后再也不吵闹了。数学王国因此越来越强盛，国家秩序良好，数字们开始了平和、快乐的生活。

亲爱的小读者，看到淘淘写的数学童话，是不是很有趣呢？

其实，英国人哈里奥特于 1631 年就开始采用现今通用的 ">" 及 "<"，但并未被当时的数学界所接受，直至百余年后才逐渐被广泛应用。

下面用 ">" "<" 和 "=" 来考考你吧！

请先计算，然后在圆圈里填上 ">" "<" 或 "="。

(1) 15 + 8 ◯ 17 + 5；

(2) 45 − 9 ◯ 36 + 1；

(3) 90 − 30 ◯ 75 − 15。

思考分析

无论 ">" 还是 "<"，它们的开口都对着较大的数，尖尖的角对着较小的数。有一首学习儿歌，有助于我们来记忆：大于号，开口朝着大数笑；小于号，屁股尖给小数看。区分开 ">" 和 "<"，我们先来计算圆圈左右两端的结果，然后再根据结果来比大小。

(1) 15 + 8 = 23，17 + 5 = 22，所以 15+8 > 17+5；

(2) 45 − 9 = 36，36 + 1 = 37，所以 45−9 < 36+1；

(3) 90 − 30 = 60，75 − 15 = 60，所以 90−30 = 75−15。

拓展思路

请先计算，然后在圆圈里填上 ">" "<" 或 "="。

(1) 36 + 12 + 4 ◯ 63 − 9 − 7；

(2) 90 − 45 − 12 ◯ 18 + 27 + 10。

答案提示

(1) 36 + 12 + 4 = 52，63 − 9 − 7 = 47，所以 36 + 12 + 4 > 63 − 9 − 7；

(2) $90 - 45 - 12 = 33$, $18 + 27 + 10 = 55$, 所以 $90 - 45 - 12 < 18 + 27 + 10$。

智慧提升

"＞""＜"是数学中常用的运算符号，我们在使用的时候注意开口朝谁谁就大，尖尖朝谁谁就小，这样就可以正确进行比较，能够很快比较出两个数的大小。

张老师的年龄

故事分享

淘淘和乐乐都是非常聪明的学生，但有时候也很调皮。他们两个在一起就会做出一些调皮捣蛋的事情。

新学期开学的第一天，上课铃声响过之后，新来的英语老师是一个外教，长得帅极了，外教老师介绍自己来自英国，他还有个中国名字叫张杰。淘淘和乐乐开始在下面嘀咕起老师的年龄来。淘淘说，老师最多也就二十七八岁。乐乐说老师看上去有 30 多岁了。由于两人意见不一致，他们争执了起来，这引起了张老师的注意。

老师知道他们的争吵原因之后，笑着说："想知道我的年龄并不是很难哦。乐乐，请你把你的年龄写在这个本子上。"乐乐把自己的年龄 7 岁如实地写在了纸上，交给老师。

老师先将纸上的年龄展示给淘淘看，然后对淘淘说："乐乐到我现在这么大时，我已经 51 岁了。淘淘，你来算一下我的年龄是多少岁呢？"

淘淘低头算了起来，不一会儿，他就说："老师，您的年龄是 29 岁。"

张老师微笑着点了点头，并告诉他们以后要注意课堂秩序，有问题下课之后再讨论。淘淘和乐乐都不好意思地低下了头。

亲爱的小读者，你知道淘淘是如何通过计算得到张老师现在的年龄的吗？

思考分析

乐乐今年 7 岁，到张老师现在的年龄，时间经过了若干年。而张老师的年龄也在随着时间的增加而增长，从现在的年龄经过同样的若干年一直增长到了 51 岁，即：张老师现在的年龄 − 7 = 51 −张老师现在的年龄。

通过这样一个等式，我们就能尝试计算张老师现在的年龄。

张老师现在的年龄＋张老师现在的年龄 = 51 + 7

张老师现在的年龄＋张老师现在的年龄 = 58

两个张老师现在的年龄之和等于 58，通过以上分析，我们就不难得出张老师现在的年龄是 29 岁。

拓展思路

淘淘比乐乐大 2 岁，当淘淘长到张老师现在的年龄时，张老师多少岁了呢？

答案提示

乐乐今年 7 岁，淘淘比乐乐大 2 岁，也就是 7 + 2 = 9（岁）。张老师今年的年龄是 29 岁，也就是淘淘需再过 29 − 9 = 20（年）才能到张老师现在的年龄。那时，张老师是 29 + 20 = 49（岁）。

智慧提升

因为张老师和乐乐的年龄都是随着时间的增加而增长的。我们在分析的时候，注意找到变化中的不变的数量，这样就可以更好地促进我们对问题的理解和思考，从而有效解决问题。

推理问题

故事分享

在数学课上，张老师和同学们要进行互动解答出题。本节课的主要内容是推理问题，张老师首先邀请了淘淘走上讲台。

张老师把红、白、蓝三个气球送给了乐乐、飞飞、慧慧三位小朋友。然后对淘淘说："我有一道题目，请你仔细想一想。根据下面三句话，请你猜一猜他们分到的各是什么颜色的气球。

（1）乐乐说我分到的不是蓝气球。

（2）飞飞说我分到的不是白气球。

（3）慧慧说我看见张老师把蓝气球和红气球分给上面两位小朋友。"

淘淘说："这个简单。根据第一句话，我能推出乐乐的气球可能是白色或者红色。再根据第三句话，慧慧说张老师把蓝气球和红气球分别给了乐乐和飞飞，就能得出慧慧的气球一定是白色的，而结合第一句话，乐乐的气球就是红色的。最后，飞飞的气球不是白色，也不是红色，那一定是蓝色的。"

淘淘回答完，同学们的掌声热烈地响了起来。

淘淘对全班同学说："我也有一道题目，请大家仔细想一想。慧慧、乐乐和飞飞三个小朋友比大小。根据下面两句话，请你猜一猜，谁最大，谁最小？

（1）慧慧比乐乐大三个月。

（2）飞飞比慧慧小一个月。"

听完淘淘的题目，大家很容易就猜出了结果。请你试一试吧！

思考分析

在淘淘出的题目中，虽然只有两个条件，但是我们很容易发现两个条件中，乐乐与飞飞都分别与慧慧进行了比较。

根据"慧慧比乐乐大三个月""飞飞比慧慧小一个月"，我们很容易就能得出，慧慧最大，飞飞第二，乐乐最小。

拓展思路

淘淘继续说："别急，还有一道题目呢！

"慧慧、乐乐和飞飞三个人在赛跑。慧慧说：'我跑的不是最快的，但是比飞飞跑得快。'请你说一说，谁跑得最快？谁跑得最慢？"

答案提示

在淘淘出的这个题目中，仍然只有两个条件，我们也能根据信息去进行比较。

慧慧说："我跑的不是最快的，但是比飞飞跑得快。"从这句话中，我们就能得出飞飞跑的是三个人中最慢的，慧慧比飞飞快，但不是最快的，因此慧慧第二，那么乐乐就是第一了。

智慧提升

推理是数学学习的方法。直接推理，即从一个判断（前提）直接可以推导出下一个新判断（结论）。而前提和结论之间是无须论证的，其理自明。我们在推理的时候，需要认真比较，找准突破口。

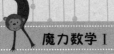
我摆你猜

故事分享

活动课上，淘淘、乐乐和花花一组，一起做手工。他们在用相同大小的小木棒做手工，一会儿摆出一个笑脸，一会儿摆出一个机器人……大家各显神通，不亦乐乎。各种漂亮的图案、有趣的创意，让同学们很是羡慕！

淘淘说："这样吧，我先来摆，你们看看谁能最先数出我用了多少根小木棒，怎么样？"其他两个人开心极了，拍手说："好呀，好呀！"于是，三个人开始了一场 PK！

淘淘挠挠头，想了想，有了，一会儿工夫，他摆出一个小房子。"好了，你们快来猜！"只听淘淘开心地呼唤伙伴。"6 根！"乐乐和花花几乎同时喊出了答案。"这么快就数出来了！你们可真快！"没有难倒大家，淘淘有点失落。乐乐说："没关系，我来帮你增加难度。"一会儿工夫，乐乐也摆出来一个一模一样的小房子。淘淘拍手叫好："对呀！现在能数出这两个小房子一共用了多少根小木棒吗？"

思考分析

用小木棒摆出了相同的图形，淘淘的小房子用了 6 根小木棒，那乐乐的小房子还用数吗？怎样最快地算出小房子用了多少根小木棒？我们用乘法计算出两个小房子用的小木棒数量：6×2 = 12（根）。

拓宽思路

花花坐不住了："我也来摆，你们猜！"一会儿工夫，花花摆出了3把雨伞，每把雨伞都用了4根小木棒。花花问大家："你们知道我摆雨伞一共用了多少根小木棒吗？小朋友们，快开动脑筋，看谁数得最快！"

答案提示

花花摆出的每把雨伞用4根小木棒，所以，3把雨伞用的小木棒数量：4×3 = 12（根）。

智慧提升

小朋友们，在数小木棒的过程中，不仅要认真观察，观察出每种图形都用了相同数量的小木棒，更要结合已经学过的乘法口诀，就可以很快算出小木棒数。

快来数一数

故事分享

  乐乐一直是个聪明懂事的小姑娘！看！就在这次的单元考试中，乐乐又取得了好成绩。她兴高采烈地告诉妈妈！妈妈骄傲地称赞道："乐乐真棒！想吃什么，妈妈给你买！"乐乐也相当开心："真的吗？那我要好多好多好吃的！可以吗，妈妈？"妈妈开心地笑了笑："好的，我现在就去超市，等我回来。"

  一会儿工夫，乐乐妈妈就提着大包小包的东西回来了，边走边气喘吁吁地喊："乐乐，乐乐，快来帮妈妈，我买了好多东西呢！"乐乐开心地飞奔到妈妈身边，接过去，帮妈妈把好吃的一样一样拿出来，摆在桌子上。乐乐边摆边说："哇！真的好多东西呀！"（见下图）

看！一会儿工夫，妈妈买回来的东西就摆了满满一桌。到底有多少呢？"乐乐，你快来数一数妈妈到底买了多少呢！"乐乐开心地数了起来，一会儿就数清楚了。妈妈好奇地问："这么多东西，你怎么数得这么快呀？"乐乐神秘地笑了笑："我有秘诀呀！"

思考分析

妈妈一共买了三样东西，我们可以一样一样地数。有2把香蕉，4捆胡萝卜，1盒鸡蛋。这么多东西好像一时数不过来，但可以有规律地数。小朋友们，想想我们学过的乘法。2把香蕉，每把都是5根；4捆胡萝卜，每捆都是4根；1盒鸡蛋有6排，每排都是4个。

拓宽思路

聪明的你，能算出妈妈买的香蕉、胡萝卜、鸡蛋有多少吗？

答案提示

2把香蕉的数量：$5 \times 2 = 10$（根）；

4捆胡萝卜的数量：$4 \times 4 = 16$（根）；

6排鸡蛋的数量：$6 \times 4 = 24$（个）。

智慧提升

小朋友们，在数的过程中，数得最快的同学真的太厉害了！他们不仅认真观察出每种食物的数量，而且结合已经学过的乘法口诀，一下就算出了数量。

城堡建筑师

故事分享

参观了丹麦的城堡后，回到宾馆，每个小朋友都兴高采烈地用五彩的石头搭建起了自己的城堡！淘淘、乐乐、飞飞、强强、花花也忙活得热火朝天！不一会儿，一座座城堡就完工了，有欧式的公主城堡，有埃及金字塔风格的华丽城堡，有站满守卫士兵的庄严城堡……漂亮极了！孩子们向大家介绍着自己的作品，开心得都绷不住嘴了！每一个作品展示后都迎来了一阵阵的欢呼声。"淘淘的城堡好高！""乐乐的城堡高！""花花的城堡也很高呢！"同学们传来一阵阵的议论声。

到底谁的作品高呢？淘淘灵机一动，提议道："不如我们来量一量吧！"同学们纷纷点头同意。强强量了量，说："我的城堡和我的腿一样高了，淘淘的城堡刚刚过老师的膝盖，我的比淘淘的城堡高。"乐乐赶快站出来主持公道："不能这么量，老师本来就比我们高，我们得和同一个人的身高做比较。"淘淘神神秘秘地拿出了一把尺子，说："同学们，快看！我们可以用尺子来量。"

思考分析

在测量前，我们可以先大概估一估，有些城堡一眼就能看出高低。

乐乐提议：要和同一个人的身高做比较来测量，也很有道理呢！用同样的标准去比较，就像我们都用强强的身高去测量城堡的高度，那我们就把强强的身高作为"一把尺子"。

当然，使用我们数学上经常用到的尺子是最标准的方法了。

我们学生经常用到的尺子是厘米刻度尺。尺子上有刻度值和刻度线。其中三种长度不同的竖线都叫刻度线，数字是从小到大排列的，0 刻度标志着开始。在测量时，我们要把尺子的 0 刻度对准纸条左端，再看纸条右端对准几，就可以了。

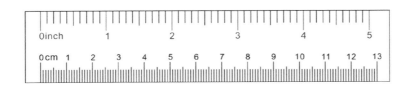

拓宽思路

在生活中，你还见过哪些尺子？请你想一想。

答案提示

尺子种类介绍：

蛇仔尺：专门用来画曲线的尺。

三角尺：直角三角形或等腰三角形的尺，方便画平行线或垂线。

计算尺：一种计算工具。

软尺：常常用来量度身体各部位尺寸。

拉尺：用来量度建筑物、家具等。

游标卡尺：一种被广泛应用的高精度测量工具。

智慧提升

我们在使用尺子测量的时候，可以记着这样一首儿歌：小朋友要记牢，物体要放平。用直尺量物体，左端要和零对齐。右端指向刻度几，物体就是几厘米。

新龟兔赛跑

故事分享

淘淘和乐乐都是很有爱心的小朋友，都喜欢小动物。淘淘养了一只小乌龟，这让他开心得不得了，走到哪儿都想向大家炫耀自己的乌龟宝宝。乐乐养了一只小兔子，雪白雪白的，可爱极了。有一天，淘淘和乐乐在一起玩耍，乐乐问："淘淘，你看我们的小兔子、小乌龟，多可爱呀！"淘淘连连点头，乐乐继续说道："你听说过龟兔赛跑的故事吗？"

于是，两个人准备开始新一轮的龟兔赛跑大战。毫无疑问，乐乐的小兔子在乐乐的鼓励下战胜了淘淘的小乌龟。淘淘可是个不服输的孩子。那天以后，淘淘就经常锻炼自己的小乌龟跑步。一天又一天，从不间断。乐乐也不是个骄傲的孩子，他也会偶尔陪着小兔子练习。

一个月以后，淘淘兴奋地给乐乐打电话："乐乐，乐乐，我的小乌龟现在1分钟可以跑100啦！"乐乐惊呆了："真的吗？你的小乌龟太厉害了，我的小兔子1分钟最多也就跑60米啊。"

这一天，淘淘和乐乐又约定了一场龟兔赛跑。结果，小兔子还是胜利了！聪明的小朋友们，你们知道这是为什么吗？

思考分析

我们都知道，兔子应该比乌龟跑得快。但是，经过刻苦练习后，乌龟 1 分钟可以跑 100，而兔子只能跑几十米，这是什么原因呢？细心的小朋友会发现，100 后面没有单位，100 分米也就是 10 米，当然兔子赢了。

拓宽思路

在比较长度大小时，我们不仅要看数据的大小，还要关注数据的单位是否一致。比较长度是这样的，那比较面积大小呢？比较体积呢？

答案提示

同样，我们在比较面积、体积的大小时，也应该注意单位一致，这样才便于比较。

智慧提升

比较大小不同的物体时，我们不仅要比较数据的大小，更要关注数据后面的单位是否一致。

身体的特异功能

故事分享

一天，刚刚下过雨，空气清新，当然，土地也很松软。

乐乐正在凉亭里安安静静地看书，享受着美好的天气。"啪"，有人拍了乐乐的肩膀，紧随而来的是好朋友们的欢声笑语。原来淘淘、飞飞、强强、花花都来了，好朋友们你一言，我一语，开心极了。乐乐问："刚刚是谁拍了我呀？"只见好朋友们都捂嘴偷偷地笑，没有人说话！

乐乐环顾四周，突然在身后看到了一个大约20厘米长的脚印，于是，他坚定地说："我知道了，一定是强强，刚才是强强拍的我。"小伙伴们都惊呆了，诧异地问："乐乐，你是怎么知道的呀？"乐乐卖起了关子，故弄玄虚地说："哈哈，这还不容易，因为我是超人，我有特异功能。"

思考分析

乐乐太厉害了，居然有特异功能。小朋友们，乐乐真的是超人吗？为什么乐乐在看到脚印后就知道是强强了呢？乐乐的分析判断会不会和脚印的大小有关系呢？

乐乐看到了一个大约20厘米长的脚印，所以断定是强强拍了自己的肩膀，

这是因为人体中藏着许多秘密。人的身高是脚长的7倍。拥有20厘米脚长的人，身高应该是140厘米，而在乐乐的好朋友中，其他小朋友都和乐乐一样只有120厘米左右，只有强强最高。所以，乐乐断定是强强拍了自己的肩膀。

拓宽思路

脚印的大小和人的身高有关系。乐乐在看到身后脚印大小时，应该也注意到了身后脚印的深浅。脚印的深浅和人的体重也有关系。体重和身高有关系吗？其实，早就有科学家研究出了人体身高和体重的关系：身高－体重＝105，其中身高的单位是厘米，体重的单位是千克。

人体中还有许许多多奥秘呢！你还了解人体中的哪些秘密？

答案提示

1. 将拳头滚一周，它的长度和脚的长度差不多。

2. 人的身高和双臂平伸的长度差不多。

3. 人的体重大概是身体里血液重量的13倍。

4. 成年男子的肩宽大约是头长的2倍。

5. 胎儿的身高大约是头部长度的2倍。

6. 婴儿的身高大约是头部长度的4倍。

7. 成年人的身高大约是头部长度的8倍。

8. 二年级的淘淘一步长约50厘米，他可以用步数测量家到学校的距离。

9. 小朋友两手环抱的长度大约等于自己的身高。

智慧提升

原来利用人的身高是脚长的7倍，就可以让自己拥有"特异功能"！人体中的这个秘密实在太了不起啦！让我们利用身体的秘密解决生活中的问题吧！

心有灵犀的扑克牌

故事分享

淘淘是个喜欢探索的孩子，最近，他在美国观看了精彩的魔术表演后，就深深地爱上了魔术。看到魔术师们的表演，他羡慕极了，并且下定决心自己也要做个魔术师。于是，他利用课余时间开始了自己的魔术学习与探索之旅。经过一段时间的学习，这一天，他把好朋友们召集在一起："下面由我为大家表演一个魔术，魔术的名字是神奇的心灵感应扑克牌。"他把手中的扑克牌分成两堆，乐乐从淘淘左手选出一张扑克牌，放在淘淘右手的扑克牌里，只见淘淘请乐乐吹了一口气，淘淘一下就猜出乐乐选中的扑克牌！这让乐乐惊讶坏了，淘淘真的有心灵感应吗？

其他人也要上前试一试，只见淘淘自信满满地说："没关系，我还有很多魔术呢！"他让乐乐、飞飞、强强、花花每人抽取一张扑克牌，自己也抽了一张。他胸有成竹地说："我们5个人中，一定至少有2个人的扑克牌是同一种花色。"大家都是半信半疑，于是，一起亮出自己的扑克牌一看，哇，真的是啊！强强和花花的扑克牌是同一种花色呢！

思考分析

淘淘真的是预言家吗？他和每个小朋友真的有心灵感应吗？小朋友们，其实在这两个魔术里隐藏着数学知识呢！想一想，扑克牌有什么特点？一副扑克牌一共有54张，除去大王、小王一共有52张。在这52张扑克牌里有4种花色，方块、红心、黑桃、梅花。它们都是1～13的排列。现在，你有启发了吗？

在第一个魔术中，淘淘在手里的扑克牌全部都是红色，右手里的扑克牌全部都是黑色，所以乐乐从淘淘左手里抽走一张扑克牌放在淘淘右手里，颜色不一样的自然就是乐乐抽走的啦！

在第二个魔术里，扑克牌一共有4种花色，可是5个人去抽扑克牌，如果前4个人每人抽走1种花色，第5个人在抽扑克牌时，一定会和前面某个人的花色一样。所以，第二个魔术里至少会有2个人扑克牌的花色一样。

拓宽思路

小朋友们，在探究事物的奥秘时，我们可以再回到事物本身的特征去思考，可能会有所启发哦。淘淘在变魔术时是利用了扑克牌自身的特点。

将4支笔放入3个笔筒中，你觉得会有一个笔筒里至少有2支笔吗？想一想，拿起你的笔验证一番吧！

答案提示

如果把4支笔放入3个笔筒中，无论放在哪个笔筒，势必有一个笔筒里有2支笔。

智慧提升

小朋友们，这样的魔术是不是很有意思？这就是简单的抽屉原理，只要你明白了其中的道理，我们就可以利用它使数学更有魔力。

布置教室

故事分享

　　新学期刚刚开学，学校组织全校大扫除。为了让每位同学都能在宽敞明亮、环境舒适的教室里学习，学校要发给每个班级 36 盆花！想一想，那样的话我们的教室就漂亮极了。乐乐班长准备组织大家把花盆搬到教室里。他想：男生力气比较大，就让男生去搬花盆吧！如果一个人一次只能搬 2 盆，需要多少人呢？乐乐班长思考着，这样好像需要很多人呢！还有一部分同学在打扫卫生，不能去搬花，那就每个人去搬 2 次，这样每人能搬 4 盆，这样的话，又需要几个人呢？

　　先数数我们班现在能有多少人去搬花吧！好像只有 6 个人！那平均每个人又需要搬几盆呢？

　　乐乐班长想着想着，有点糊涂了，聪明的小朋友们，你能帮助乐乐班长解决这个问题吗？快来开动脑筋吧！

思考分析

　　我们可以用画图的方式来思考，用 36 个小圆点来表示 36 盆花，每人搬 2 盆，那就 2 个一份，圈一圈，看看最后有多少份，就是需要几个人。如果每人搬 4 盆，

那就 4 个一份地圈一圈, 看看最后有多少份, 就是需要几个人。再看第三种方案, 我们把小圆点 6 个一份地圈一圈, 看看最后有几份, 就是每人搬几盆。

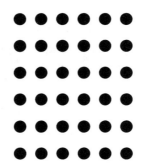

假如 6 人去搬花, 我们是不是也可以用画线段图的方式试一试呢!

还有小朋友想到了乘法口诀, 得数是 36 的乘法口诀都有哪些呢?

六六三十六, 四九三十六。哈哈, 这样好像更简单一些。

拓宽思路

学校购买花时, 走的批发价, 每个班 36 盆花, 花费了 72 元, 你能猜出每盆花大概多少元吗? 你能想办法验证你的猜想吗?

答案提示

我们可以列式: $72 \div 36 = 2$(元), 所以每盆花 2 元钱。我们还可以用画线段图、画点子图等方法解答。

智慧提升

在布置教室的问题上, 无论利用点子图还是线段图, 都能帮助我们解决人员安排的问题。其实, 每一种方法都需要我们认真思考, 只有这样, 才会找到解决问题的方法。

环城一日公交行

故事分享

春天是郊游的好季节，这周，班里就组织了一次与众不同的环城之旅。同学们决定更深入地了解一下我们的城市，乘公交车一日行。沿着公交的路线，欣赏不同站点的风景，观察不同站点的人们。这样的计划让同学们兴高采烈！

淘淘小组的同学们乘坐了公交 1 路车，愉快的公交行就这样开始了。淘淘小组的孩子们用数学的眼光去观察，一上车他们就数出公交车上一共有 56 人，车上的人们有的低头玩手机，有的在听音乐，还有人在低声哼着小曲。第一站到了，车上下去了 27 人，可是又上来了 19 人，这下淘淘他们可着急了，现在车上到底有多少人啊？

思考分析

淘淘小组观察的 1 路车，下车人数比上车人数多，所以现在车上的人数比刚开始少了。下车人数多，上车人数少，可以用：下车人数－上车人数＝少的人数。再用：原来的人数－少的人数＝现在车上人数。所以， 27 － 19 ＝ 8（人）， 56 － 8 ＝ 48（人）。

我们也可以按照顺序思考。车上原来有 56 人，下车 27 人，车上现有

56 − 27 = 29（人），又上车了 19 人，现在车上有 29 + 19 = 48（人）。

拓宽思路

乐乐小组的同学们乘坐的公交 2 路车，是双层公交车。乐乐小组的同学也留心观察了公交车上的人数，上车时车上一共有 71 人，中间靠站停车，下车 38 人，上车 42 人，现在车上有多少人？

答案提示

乐乐小组观察的 2 路车，下车人数比上车人数少，所以现在车上的人数比刚开始多了。可以用上车人数 − 下车人数 = 多的人数，再用原来的人数 + 多的人数 = 现在车上人数，所以，42 − 38 = 4（人），71 + 4 = 75（人）。

我们也可以按照顺序思考。车上原来有 71 人，下车了 38 人，车上有 71 − 38 = 33（人），又上车了 42 人，现在车上有 33 + 42 = 75（人）。

智慧提升

我们在解决上下车问题时，需要学会理清关系，找准变化的量，只有这样，才能更好地解决问题。

数学符号的那些事儿

故事分享

乐乐是个爱学习的孩子，他对数学尤其感兴趣。这天，他向大家介绍起了数学家族中符号的那些事儿。

500 年前，有一位德国数学家叫魏德曼，他把一条横线和一条竖线合并在一起来表示合并，即增加的意思，成为"＋"；他又把"＋"去掉一个竖，表示拿去（减少）的意思，成为"－"。这样，数学家族里的两个兄弟就诞生了。但是"＋"和"－"正式被大家所公认，用来作为加、减运算符号，是从 1541 年荷兰数学家荷伊克开始的，以后逐渐普及，并沿用到现在。

"×"在 17 世纪由英国数学家欧德莱最先使用，因为乘法是一种特殊的加法，所以把"＋"斜过来写表示乘。

"÷"是 17 世纪由瑞士人拉恩创造的，他用一道横线把两个圆点分开，表示分解的意思。

"＝"的产生比"＋""－"晚大约 100 年，距今 400 多年，由英国学者立科尔德提出，他认为最能表示相等的是一对平行线，即同样长的两条线段。

思考分析

"＋""－""×""÷""＝"这些符号的优点不仅仅是简洁、准确、没有歧义，而且对人们准确把握数学本质，促进数学思维的发展也是必不可少的。

拓宽思路

你能把数学符号王国的各位朋友排排序吗？让我们从今以后都能礼貌地称呼他们。感兴趣的同学也可以分角色扮演数学符号，介绍自己。

答案提示

小学数学常用的符号主要可以分为以下几类：

数量符号：0～9，末知常量（a、b、c 等），变量（x、y、z 等），圆周率 π。

运算符号：加号（＋），减号（－），乘号（× 或 ·），除号（÷），乘方（$2×2＝2^2$，$2×2×2＝2^3$），比号（：）。

关系符号：等号（＝），近似符号（≈），不等号（≠），大于号（＞），小于号（＜），平行符号（∥），垂直符号（⊥）。

结合符号：如小括号"（ ）"，中括号"[ ]"，分数线"—"。

性质符号：如正号"＋"，负号"－"。

省略符号：三角形（△），角（∠）。

智慧提升

通过了解数学符号的历史，我们知道了符号的发展甚至数学的发展历程。只有我们知道了数学符号的来龙去脉，才会感受到数学的好玩和有趣。

今天我当家

故事分享

周末，天气晴朗，淘淘一家人决定出门游玩，有爷爷、奶奶、爸爸、妈妈和淘淘一共5个人。淘淘很开心，觉得自己早就是一名光荣的少先队员了，应该做一个懂事的好孩子。于是，他主动跟爸爸妈妈说："爸爸、妈妈，你们辛苦了，咱们出去玩，今天我来安排行程、算账等，做一些力所能及的事情吧！"爸爸、妈妈很欣慰，爷爷、奶奶也高兴得合不拢嘴。淘淘兴奋地蹦了起来："今天我当家，我来照顾大家。"

于是，一家人来到了公园，公园门口写着：

票价：成人8元／人，儿童4元／人。

开放时间：上午8：00—晚8：00。

淘淘开始了他当家的第一项任务：买门票要付多少钱呢？一共5个人，最贵的票价8元，五八四十；不对，淘淘是儿童票价。几秒钟后，淘淘得意地算出了价钱，成功地帮家人买到了门票。小朋友们，你们知道淘淘是怎么算出总钱数的吗？比一比，谁是最聪明的孩子。

思考分析

购买门票时，我们可以先大概估一下。一共 5 人，成人票每张 8 元，8×5 = 40（元），所以，我们要花的钱肯定比 40 元少一点。由于成人和儿童的收费不同，所以要把成人和儿童的门票票价分开计算。门票：8×4 = 32（元），32 + 4 = 36（元）。

拓宽思路

进入公园的水上乐园，大家都想划船荡漾在湖面上，观赏岸边的风景。售票处写着：手划船限乘 2 人，每艘手划船 6 元；脚踏船限乘 3 人，每艘脚踏船 8 元。怎样让全家 5 个人都可以坐到船上，又最便宜呢？

答案提示

我们可以列表进行比较。

手划船 （限乘 2 人） 6 元／艘	脚踏船（限乘 3 人） 8 元／艘	钱数／元
0	2	16
1	1	14
2	1	20
3	0	18

淘淘在售票处站了一会儿，租了 1 艘手划船，1 艘脚踏船，船票价钱一共为：6×1+8×1 = 14（元）。

智慧提升

购票时，我们需要找到最优惠的方案。我们一定要根据实际情况进行选择，在列表、比较中找到最优方案。

九九歌

故事分享

天气晴朗，淘淘和好朋友们来到博物馆参观。在这里，他们了解到了乘法口诀的历史。

古时候，乘法口诀是自上而下的，从"九九八十一"开始，至"一一如一"结束，与现在使用的顺序相反，因此古人用乘法口诀开始的两个字"九九"作为此口诀的名称，又称九九表、九九歌、九因歌、九九乘法表。

你对九九歌还有哪些了解？

思考分析

中国使用"九九口诀"的时间比较早。在《荀子》《管子》《淮南子》《战国策》等书中都能找到"三九二十七""六八四十八""四八三十二""六六三十六"等句子。由此可见，早在春秋战国时期，九九歌就已经开始流行了。

拓宽思路

九九歌在我国有悠久的历史，在其他国家会是什么情况呢？请你找一找。

答案提示

九九歌是古代世界最短的乘法表。玛雅乘法表需 190 项，巴比伦乘法表需

1770 项，古埃及、古希腊、古罗马、古印度等国的乘法表需无穷多项，九九歌只需要 45 项，其中大九九歌需要 81 项。

九九歌包含乘法的可交换性，因此只需要八九七十二，不需要九八七十二。9 乘 9 有 81 组积，九九歌只需要 1 + 2 + 3 + 4 + 5 + 6 + 7 + 8 + 9 = 45 项积。明代珠算采用 81 组积的九九歌。45 项的九九歌，被称为"小九九"，81 项积的九九歌被称为"大九九"。

智慧提升

看来，我们的古人确实很伟大，确实很聪明。那么，就让我们熟记九九歌，让先人的智慧更加发扬光大。

10 全 10 美

故事分享

周末，淘淘要外出游玩，数宝宝 0～10 知道这个消息后，恳求淘淘带它们一起去玩，淘淘说："带你们出去可以，我这次开的可是 10 全 10 美专列火车，每节车厢里的数字之和是 10 才能顺利上车，你们能做到吗？"

数宝宝一听，慌忙找能和自己组合成 10 的另一个数宝宝。数字 3 快速地拉住了数字 7 的手蹦到了第一节车厢上。

其他数宝宝一看，慌了神儿，恐怕自己没有机会出去游玩。

小朋友，你们猜一猜，还有哪些数宝宝也坐上了 10 全 10 美专列跟着淘淘外出游玩了呢？

思考分析

两个数的和凑成 10，就有机会坐上 10 全 10 美专列，因为 $10 = 0 + 10 = 1 + 9 = 2 + 8 = 3 + 7 = 4 + 6$，你猜对了吗？你会有条理地猜出所有的吗？

拓展思路

如果每节车厢不限数字宝宝的个数,你知道还有哪些数字宝宝可以同上一节车厢吗?

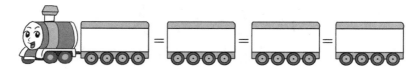

答案提示

三个数字宝宝加起来是 10 的有:$1 + 2 + 7 = 10$,$1 + 3 + 6 = 10$,$1 + 4 + 5 = 10$,$2 + 3 + 5 = 10$。四个数字宝宝加起来是 10 的有:$1 + 2 + 3 + 4 = 10$。

智慧提升

在故事情境中帮数宝宝找伙伴,从开始找两个数字凑 10,接下来找几个数字凑 10,我们在思考的时候,有序思考,能够让我们准确把握问题,拓宽解决问题的能力。

机器狗踏雪

故事分享

    暑假来了，酷热难耐，爸爸带着淘淘到冰雪大世界玩耍。淘淘特别开心，拉着爸爸的手说："我想和机器狗一起去，可以吗？"爸爸欣然同意。来到冰雪大世界的门口，淘淘问："机器狗需要买票吗？"售票员阿姨微笑着摇摇头。他们先来到雪屋，白白厚厚的积雪，一步一个脚印，爸爸的大脚印和淘淘的小脚印连成一串串。淘淘把机器狗放在雪地上，机器狗的腿一条是正方体，一条是长方体，一条是三棱柱，一条是圆柱。它欢快地跑起来，脚印印在雪地上，爸爸问："淘淘，你看，机器狗留在雪地上的脚印是什么图形？"

思考分析

    淘淘仔细地观察了一下，用小手指着雪中机器狗的脚印说："机器狗正方体腿在雪地上留下的脚印图形是四条边一样长、方方正正的，是正方形；长方体腿在雪地上留下的脚印图形两组对边一样长、长长的，是长方形；圆柱腿在雪地上留下的脚印图形圆圆的，是圆形；三棱柱腿在雪地上留下的脚印图形由三条边围成，是三角形。"爸爸开心地点了一下淘淘的鼻尖，说道："真是个聪明的小机灵！"

拓展思路

爸爸把机器狗的圆柱腿拿下来，用侧面在雪地上滚动一圈，指着印在雪地上的图形问："淘淘，这是什么图形？"

答案提示

淘淘立刻答道："长方形。"可是，为什么圆柱的侧面是长方形呢？回到家，爸爸拿出一个用纸做的圆柱体，用剪刀剪开，变成了两个圆形和一个长方形。"圆柱的侧面是长方形，淘淘，你记住了吗？"淘淘肯定地点点头，又开心地和机器狗玩起来了。

智慧提升

小朋友们，立体图形有不同的面，印在雪地上的图形是平面图形，也就是"面在体上"。不同的平面图形有不同的特征，我们可以根据这些特征来辨别平面图形。

停车场

故事分享

晚上，聪聪写完数学作业，妈妈认真检查后发现没有一道错题，在聪聪的小脸蛋儿上亲了又亲，答应送给他一架玩具飞机。聪聪开心地蹦蹦跳跳，说："妈妈，我们现在就去买飞机吧。"妈妈毫不犹豫就答应了。他们开车去了超市。走到停车场，可惜只有42个车位，全部停满。没办法，只好等喽。不一会儿，进口处的车就排起队了，管理员叔叔说："都排9辆车了，等会儿吧。"妈妈和聪聪聊着天，耐心等待。3分钟后，出口处也排起了长龙，共有15辆车要走。妈妈说："淘淘，请你帮管理员叔叔算一下：停车场车的数量将会比以前多还是少？"

思路分析

聪聪说："有42个车位，要来9辆，要走15辆，需要算出停车场将会有多少辆车。"妈妈夸聪聪："问题分析得很准确，请认真口算哦！"聪聪心中默念：42 − 15 = 27，27 + 9 = 36，36 < 42。"哈哈，我算出来了，停车场车的数量将会比以前少！"妈妈赞许地点点头。

拓展思路

"聪聪，你对问题的分析既清晰又准确，计算也很正确，就是算得有些慢了。请你再想一想，有没有更简便、更快速的方法呢？"听到妈妈的话，聪聪的小脑瓜转得更快了。

答案提示

"停车场有42个车位，这个是不变的，要走15辆车，要来9辆车，只要比较一下走的车的数量和来的车的数量就可以啦！妈妈，我说得对不对？"妈妈开心地亲了聪聪好几下："儿子，你真是太聪明啦！就是这样比较的。""那就太简单啦，来的车比走的车数量少，所以剩余的车辆就少了呗。"小朋友，聪聪的简便方法，你明白了吗？

智慧提升

计算可以解决很多生活中的实际问题。所以，我们一定要认真分析数学信息和数学问题，并且认真思考，中间有很多小窍门等着你发现呢！

采花生

故事分享

　　周末，天气晴朗，淘淘、乐乐、聪聪和飞飞跟着爸爸、妈妈一起去采花生。到了花生园中，乐乐说："花生树在哪里呢？"乐乐妈妈摸着乐乐的小脑袋说："乐乐，花生可不长在树上，它们都长在土里呢！"乐乐说："妈妈，我们赶紧去采花生吧。"说罢，就拿着小铁铲去采花生了。其他三个家庭也紧随其后，家长们边采边聊天，小朋友们采一会儿，玩一会儿，开心极了。休息时，聪聪问妈妈："妈妈，我采了多少颗花生？"妈妈拿出一堆儿花生放在桌子上，说："你来数一数。"聪聪皱着眉头说："这么多，我该怎么数呢？"

思考分析

　　妈妈说："聪聪，你先一颗一颗的数吧！"聪聪点一颗花生数一个数，数到 39 时，忘了接下来是多少了。聪聪小脑筋一转："9 + 1 = 10， 9 后面是 10，19 后面是 20，29 后面是 30，39 后面是 40。"妈妈说："你两颗两颗地数，数一数有多少颗花生。"聪聪伸出食指和中指，每次点两颗花生，数到："2，4，6，8，10……38，接下来是 40。妈妈，两次都是 40，我采了 40 颗花生！"妈妈竖起大拇指，夸道："你真是聪明的聪聪啊！"

拓展思路

妈妈拿出自己采的花生，放在桌子上，笑眯眯地看着聪聪："儿子，你数一数妈妈采了多少颗花生。"妈妈采的花生堆得像座小山，这么多，一颗一颗地数，两颗两颗地数，得什么时候数完啊？聪聪又皱起了眉头。小朋友，你能帮一帮聪聪吗？

答案提示

"聪聪，你可以五颗五颗地数啊！"飞飞提示聪聪，聪聪一听，立刻露出笑容，伸出右手，每次点五颗花生，然后数道："5，10，15，20……100，妈妈采了 100 颗花生，好棒耶！"淘淘说："聪聪，十颗十颗地数也可以。"当聪聪准备用两只小手一起点花生时，淘淘说："你每次数出来 10 颗，堆成一小堆，然后再数数，10，20，30……100。"

智慧提升

数数是数学的入门。数数有很多不同的方法：数量少可以一个一个数或两个两个数；数量较多可以五个五个数或十个十个数……数数时不能重复数，也不能遗漏哦！

挂彩灯

故事分享

元宵佳节，到处张灯结彩，淘淘和乐乐一起去逛灯展。公园里挂起了一串串彩灯，淘淘发现每串彩灯是按2盏红灯、3盏黄灯、4盏绿灯的顺序排列的。

淘淘问乐乐，如果这串彩灯有80盏，按这样排列下去，你知道最后一盏是什么颜色吗？乐乐开始拿起笔在本子上画起来，画了半天，也没有找到结果。小朋友们，你能帮帮乐乐找到答案吗？

思考分析

从故事中，我们知道每串彩灯是按2盏红灯、3盏黄灯、4盏绿灯的顺序排列的，也就是：$2 + 3 + 4 = 9$（盏），每一组有9盏。如果这串彩灯有80盏，按这样排列下去，我们可以这样进行计算：$80 \div 9 = 8$（组）……8（盏），一共有8组，还剩余8盏，我们将剩余的8盏灯画一画：

因此，我们可以确定最后一盏灯是绿灯。

拓展思路

如果按照"1盏黄灯、2盏红灯、3盏绿灯"的顺序进行排列，第45盏彩灯是什么颜色？

答案提示

从故事中，我们知道每串彩灯是按1盏黄灯、2盏红灯、3盏绿灯的顺序排列的，也就是：1 + 2 + 3 = 6（盏），45÷6 = 7（组）……3（盏），我们将剩余的3盏灯画一画：

所以，第45盏灯是红色的。

智慧提升

生活中到处存在一些简单的事物规律，希望小朋友们做个有心人，通过思考，不断发现这些规律，利用这些规律丰富我们的生活。

免费门票

故事分享

　　淘淘、乐乐和花花一起去图形王国游玩。到大门口时发现门口张贴着一幅漂亮的图案（如下图），旁边写着：聪明的宝宝们可以免费入园参观。他们三人一看乐坏了，攒足了劲儿准备施展一下自己的才华。

　　旁边写着好多问题：1. 这个图形有四条边，四个角都是直角，相对的两条边相等，相邻的两条边不相等。请指出这个图形。2. 小房子都由哪些图形组成，请说出来。3. 图中有一个图形只出现了一次，它是什么图形啊？

　　淘淘反应敏捷，迅速地指向了长方形，解答了第1题，免费门票就这么轻

松地拿到啦！海海脸上洋溢着幸福的笑容。乐乐和花花着急啦，一目十行地找着自己会解答的题目。乐乐和花花也都顺利通关，拿着靠自己智慧赢得的门票，心里甭提有多高兴啦！

你知道乐乐和花花是怎么回答的吗？

思考分析

这些都是基本图形，我们在读故事的过程中便知道这些图案有：长方形、正方形、圆、三角形。正方形只出现了一次。这样就可以完整地找出由多个图形拼成的新图案。

拓展思路

你能找出这个图形中有几个黑色的三角形吗？你能看图写出几个乘法算式吗？

答案提示

从图中，我们可以知道：黑色的三角形是松树部分，有4组，每组都是3个，可以列加法算式是：$3 + 3 + 3 + 3 = 12$，也可以列乘法算式为：$3 \times 4 = 12$ 或 $4 \times 3 = 12$。

智慧提升

从认识图形到乘法算式，我们能用所学知识灵活转换解决问题。在认识图形的时候，我们需要辨析清楚，准确判断，真正达到学以致用。

搭一搭

故事分享

飞飞自从会拼七巧板后，就更喜欢摆一摆、拼一拼的游戏了。这不，今天又要姐姐教他新游戏。姐姐思索了一会儿，拿出一捆小棒，让飞飞先估一估，再数一数。飞飞上二年级后，估算能力提升了许多，他估计的是 20 根，实际的数量是 24 根，只少了 4 根，真的是太厉害啦！ 24 根学具棒，怎么玩? 姐姐提出搭一搭的要求：

1. 一根一根地搭。

2. 四根一组搭成十字架。

3. 三根一组搭成三角形。

不仅要搭出来，还要用算式表示每次搭一搭的过程。开始吧，加油！

思路分析

飞飞搭得可快了：一根一根地搭，每次 1 根，共搭了 24 次，$24 \div 1 = 24$，简单；搭十字架，每次 4 根，共搭了 6 次，$24 \div 4 = 6$，轻松完成；搭三角形，每次 3 根，共搭了 8 次，$24 \div 3 = 8$。"这么简单，我会啦! "飞飞开心地说。

拓展思路

姐姐一看没有难倒飞飞，接着让飞飞搭一搭：

1. 五根一组搭成五边形。

2. 七根一组搭成七边形。

怎么搭？怎么用数学算式表示？有剩余吗？如果有，还剩几根小棒？

答案提示

搭五边形，每次 5 根，搭 4 次，还有 4 根没有用完，怎么办？姐姐微笑着说："怎么表示呢？"飞飞默念道："$24 \div 3 = 8$，可是 $24 \div 5$ 不会算啊？"姐姐说："刚刚搭了 4 次，还剩 4 根，这个 4 是余数，就是多余、剩余的意思。"飞飞恍然大悟，拍拍小脑瓜，又有问题了："怎么用算式表示呢？"只见姐姐写道：$24 \div 5 = 4 \cdots\cdots 4$。"这么简单，我会啦！"

搭七边形，每次 7 根，搭 3 次，剩 3 根：$24 \div 7 = 3 \cdots\cdots 3$，也就是搭成 3 个七边形，还剩 3 根小棒。

小朋友，你回答正确吗？

智慧提升

日常生活中，分东西时经常会有剩余，这个剩余就是数学中的余数，温馨小提示：余数一定比除数小哦！

钉纽扣

故事分享

秋天到了，是开学的时间了，淘淘妈妈打算给淘淘做几件新衣服，最后一步需要把纽扣钉上去，盘子里一共有25颗扣子。淘淘妈妈看了看，1件衬衫需要钉6颗扣子，1件马甲需要钉3颗扣子。

如果只给衬衫钉扣子，最多能钉多少件？如果只给马甲钉扣子，最多能钉多少件？

思考分析

一共25颗扣子，只给衬衫钉扣子，1件衬衫需要6颗扣子，那么，25÷6 = 4（件）……1（颗）。我们知道：可以钉4件衬衫，剩余1颗扣子，因为这1

颗扣子不能再钉 1 件衬衫，所以只给衬衫钉扣子，最多能钉 4 件。

一共 25 颗扣子，只给马甲钉扣子，1 件马甲需要 3 颗扣子，那么，25÷3 ＝ 8 （件）……1 （颗）。我们知道：可以钉 8 件马甲，剩余 1 颗扣子，因为这 1 颗扣子不能再钉 1 件马甲，所以只给马甲钉扣子，最多能钉 8 件。

拓展思路

如果有 25 个同学在公园租游船，限 6 人乘坐 1 条船，至少需要租多少条船？

答案提示

根据题目中的条件，我们知道：25÷6 ＝ 4 （条）……1 （个），乘船游玩，虽然还余出 1 个人，但余出来的 1 个同学就必须再租 1 条船。所以至少要租 5 条船。

智慧提升

我们在解决生活中实际问题的时候，要根据情况进行取舍，例如，钉扣子，剩余的扣子不能再钉 1 件衣服，所以就舍去；如果是租船，多余的人不能舍去，必须再租 1 条，所以要进一。

记忆大师

故事分享

  周末，妈妈带淘淘到景区游玩，到家后让他描述所见所闻，他说得既清晰又有条理，妈妈特别满意。为了测试淘淘的记忆力，妈妈拿出一张卡片，如下图所示：

□	○	△	⬠
 1	 2	 3	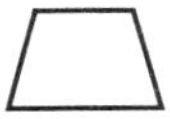 4

  妈妈说："淘淘，请记住图形所对应的数字，一分钟后我会打乱图形的顺序，你要说出相对应的数字哦！"淘淘信心十足地点点头。妈妈出的题目如下所示：

1.  □ △ ⬠ ○

2.  ○ □ △ ⬠

3.  △ ○ ⬠ □

4.  ⬠ △ ○ □

小朋友，你能说出每道题目所对应的数字吗？

思考分析

淘淘脱口而出："太简单啦，只要记住每个图形所对应的数字，然后按图形的顺序写出数字就可以啦！"妈妈赞许地点点头，淘淘摇晃着小脑袋，开始回答："1342，2134，3241，4321。""你真是个小机灵！"妈妈拍拍淘淘的小脑瓜，淘淘谦虚地笑了。

拓展思路

妈妈又拿出一张卡片，如下图所示：

⇨	✛	⇦	⬠	♡	☺	☆
1	8	3	5	0	7	2

1.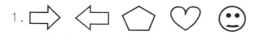

2. 1705

3.

4. 35782

淘淘看了一眼，稍稍有些沮丧，但妈妈说："孩子，妈妈相信你，你一定会记住的！"

答案提示

淘淘手托腮，默默念叨："这次卡片中图形数量多，对应的数字没有规律，还有数字必须对应图形，好难啊！不过，只要认真记忆，就会得到正确答案的。"过了几分钟，淘淘就说出了答案：

1. 13507

2.

3.18372

4.

妈妈激动地说道："全部回答正确，你真是小小记忆大师！"说完开心地拥抱了淘淘，并允诺明天带淘淘去吃必胜客。淘淘兴奋地手舞足蹈。小朋友，你是不是也很开心呢？

智慧提升

妈妈考的是淘淘的短时记忆能力，记忆时间在一分钟内，需要记住图形所对应的数字，也需要记住数字所对应的图形，还要仔细审阅题目要求，这样才能更好地运用短时记忆，成为小小记忆大师哦！

看地图

故事分享

端午节前夕，乐乐写完家庭作业，妈妈拿出地图，和爸爸商量小长假去哪里玩。乐乐好奇地凑过去，说："妈妈，我们语文课今天学习了《泰山》，泰山在地图上哪个位置？"妈妈说："泰山是五岳之一。五岳呢，分别是北岳恒山、东岳泰山、南岳衡山、西岳华山、中岳嵩山，这是按照五座山所在的地理位置确定的。现在，请你来试着填一填下面这个图吧。"妈妈摸着乐乐的小脑袋说道。

这五座山分别是什么山呢？

思路分析

地图上的方向是：上北下南，左西右东。

小朋友，五岳的位置，你记住了吗？

拓展思路

了解了"五岳"的位置，妈妈说："乐乐，请你说一说嵩山分别在其他几座山的哪个方向吧！"乐乐看着地图，很快就有了答案。"嵩山在恒山的南面，在衡山的北面，在泰山的西面，在华山的东面。妈妈，我答对了吗？"妈妈说："对了。可是，这可是中岳嵩山，不是应该在中间吗？位置怎么变来变去呢？"乐乐立刻迷茫了："对啊，这是怎么回事？"这到底是怎么回事呢？

答案提示

乐乐向爸爸求助，爸爸说："这是因为你参照的物体不一样。在地图上，五岳的位置是相对的，因为嵩山相对于其他山来说在中间，所以称为中岳，而其他山是根据中岳的位置来命名的。妈妈提的新问题，是以其他山分别为参照物，来确定嵩山的方位，当然就不一样啦！"

智慧提升

方向与位置是数学学习中小朋友们经常出错的知识点，因为参照物不同，物体的方向和位置就不同。所以，在辨别方向与位置时，一定要先确定参照物哦！

拼桌子

故事分享

飞飞的姐姐上五年级，她特别喜欢动手拼玩具：乐高、钉图、拼图……都是她的最爱。周末，姐弟俩一起玩耍，飞飞说："姐姐，你教我拼玩具吧，我也喜欢！"姐姐捏了捏弟弟的小脸蛋儿，笑着说："你年纪小，今天我先教你拼桌子吧。"说完，她从抽屉里拿出一套七巧板，有一个正方形、一个平行四边形和五个三角形。姐姐说："我们家中午有四个人吃饭，桌子就拼成正方形，请你拼一拼吧。"

飞飞一想，好简单，这可难不倒他这个小小男子汉：他直接选用了正方形，姐姐皱了下眉头；他用两个一模一样的三角形拼成正方形，姐姐抿了下嘴；他用一个中三角形和两个一模一样的小三角形拼成正方形，姐姐微笑了一下；他用完整的七巧板拼出正方形，如下图所示，姐姐对他竖起了大拇指。可是，他是怎么拼出来的呢？

思考提升

在经过多次尝试后，飞飞终于拼出来了，如下图：

  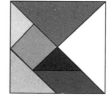

拓展思路

姐姐说："晚上家里有 6 人吃饭，我们把桌子拼成长方形吧。提醒你，不要偷懒，要用七巧板中所有图形拼成哦，加油！"我们一起来帮一帮飞飞吧。

答案提示

飞飞在拼正方形的基础上，认真思考，短短两分钟就拼出来了不同的方案，真棒！飞飞是这样拼的：（如下图所示）

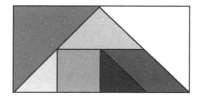 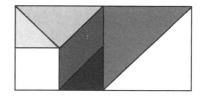

小朋友，你看懂了吗？

智慧提升

七巧板是一种古老的中国传统智力玩具，大约可拼成 1600 种图形，例如：三角形、平行四边形、不规则多边形、人物、动物、桥、房、塔等，也可以是一些中、英文字母。小朋友们，七巧板是特别好玩的玩具，请开始动手拼一拼吧。七巧板是开启我们智慧的益智学具。

商场大促销

故事分享

周末，飞飞一家准备逛商场，妈妈拿出家庭小账本：飞飞想要玩具熊，价格是 99 元；姐姐喜欢兔子布偶，价格是 109 元；妈妈看中一件连衣裙，价格是 998 元；爸爸什么也不需要，负责付钱。本次商场的促销活动是满 100 减 20，满 1000 减 200，依此类推。结账时可以一笔一笔结算，也可以所有商品一起结算。请帮飞飞爸爸算一算，怎样付钱最划算？需要多少钱？

思考分析

飞飞打算一笔一笔结算：玩具熊 99 元；布偶 109 元，满 100 减 20，109 − 20 = 89（元）；连衣裙 998 元；一共是 99 + 89 + 998 =？请姐姐帮忙吧，姐姐得出答案是 1186 元。

姐姐把所有商品一起结算：998 + 109 + 99 = 1206（元），满 1000 减 200，1206 − 200 = 1006（元）。

姐姐的算法比飞飞的算法更划算。

拓展思路

爸爸夸姐姐聪明，同时也给飞飞点了个赞，又皱着眉头说："有没有更合理的购买方案呢？姐姐和飞飞都陷入了深思。

答案提示

妈妈微笑着说："玩具熊和布偶一起结算：99 + 109 = 208（元），208 − 40 = 168（元）；连衣裙的价格不足 1000 元，不能参加优惠活动，特别可惜，但可以另外买一些价格便宜的物品，凑够 1000 元，再参加活动。"飞飞和姐姐拍手称赞，就去买了两双袜子，一共 15 元，所以这次购物一共花费：998 + 15 = 1013（元），1013 − 200 = 813（元），813 + 168 = 981（元）。这样购物就最划算啦，小朋友，你明白了吗？

智慧提升

要想参加商场的"满减"活动，就得"凑整"。所以呢，购物时可能会买更多的商品。但看起来是买多了，实际上付钱会更少，这就是购物的"小妙计"。因此，要好好学习数学，掌握省钱小妙招哦！

数黄豆

故事分享

周末，乐乐邀请淘淘到家里做客，两个小朋友玩玩具枪、玩赛车、打羽毛球，大汗淋漓，开心极了。休息时，淘淘看到餐桌边放了个小小的袋子，甚是好奇，乐乐就打开让淘淘看：哇，里面全是黄豆！乐乐妈妈看到两位小朋友很感兴趣，就说："你们俩洗一洗小手，各抓一把黄豆，先估一估有多少粒，再数一数有多少粒，谁估得更接近，谁就赢。"这立刻就激发了他们的求胜欲，乐乐先抓一把："我的手太小，大约 20 粒吧。"淘淘紧随其后："我的手大一些，差不多有 30 粒吧。"乐乐妈妈笑眯眯地说："现在你们来数一数吧。"淘淘的黄豆是 28 粒，乐乐的黄豆是 25 粒，小朋友们，他俩谁赢了？

思路分析

乐乐妈妈说："乐乐估计的数是 20，实际的数是 25，25 − 20 = 5，误差是 5；淘淘估计的数是 30，实际的数是 28，30 − 28 = 2，误差是 2。谁的误差小，谁就赢了。所以，恭喜淘淘，你估计得更接近，你赢啦！"淘淘高兴地和乐乐击掌："耶！"

拓展思路

"现在,我来抓一把黄豆,你们先来估一估。"乐乐妈妈说完伸手抓了一把黄豆,放在他们面前。"妈妈的手大,肯定不止30粒,我猜50粒。"乐乐率先表态,淘淘一副若有所思的模样:"阿姨拿的应该不止50粒,我猜80粒。"小朋友,你觉得谁会赢?

答案提示

结果,妈妈的手中有128粒黄豆,淘淘和乐乐估计的误差分别是128 − 80 = 48,128 − 50 = 78,误差都很大哦!相比之下淘淘的误差更小,所以还是淘淘赢了。可是两位小朋友都不开心,因为这次估计得太不准确了,怎么能估计得跟实际大小更接近呢?这时,乐乐妈妈笑着说:"我们多估几次就有经验了。"

智慧提升

估计数的大小是培养估算意识的第一步,估算是数学学习的重要内容。估计数的大小,有时估得准,有时估得不准,这就需要多多联系生活实际,把数学带到生活中去,善于发现生活中的数学。

填数游戏

故事分享

　　乐乐最近特别喜欢数学游戏，经常和淘淘一起比赛，两个小伙伴玩得开心极了。今天，乐乐和淘淘一起玩填数游戏，如下图所示：

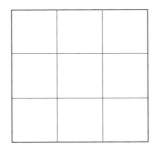

请认真看游戏规则：

1. 将 11～19 各数按要求分别填入图中的 9 个方格中。

2. 14 在最下一行的右边。

3. 18 在最下一行的左边。

4. 15 在图形的中央。

5. 13 在 15 的下面。

6. 17 在 15 的上面。

7. 11 在 16 和 18 之间。

8. 19 在 12 的下面。

请两位小朋友开始比赛吧，看谁填得又正确又快!

思路分析

乐乐认真思考："填数游戏共有 9 个空格，需要填入 9 个数，所以 11 ～ 19 这 9 个数不能重复填，也不能少。先填哪个呢? 嗯，按顺序：14，18，15，13，17，16，11，12，19。"

16	17	12
11	15	19
18	13	14

乐乐不到一分钟就填完了，结果如上图所示，淘淘检查了一下：全对。淘淘立刻为乐乐竖起了大拇指。小朋友，你填对了吗?

思路拓展

突然，淘淘说："乐乐，我考考你：请算一算每行和每列三个数的和，再算一算斜对角三个数的和，你发现了什么?"乐乐不禁陷入了沉思："这个填数游戏有什么规律呢?"

答案提示

小朋友，我们一起来算一算吧。

1. 每一行三个数的和：16 + 17 + 12 = 45；11 + 15 + 19 = 45；18 + 13 + 14 = 45。

2．每一列三个数的和：16 + 11 + 18 = 45；17 + 15 + 13 = 45；12 + 19 + 14 = 45。

3．斜对角三个数的和：16 + 15 + 14 = 45；12 + 15 + 18 = 45。

"哦，原来每行、每列、斜对角三个数的和相等，都是45。淘淘，你真是太聪明了！我要向你学习！"乐乐赞扬淘淘，淘淘虚心地说："我是偶然发现规律的，你也发现了，真棒！"

智慧提升

填数游戏是数学游戏中的一类，要按要求按顺序填数，不能重复，也不能遗漏，才能正确完成填数游戏哦！同时，你也要有一双善于发现的眼睛，多多观察数字，填数游戏中的规律正在等你探索呢！

跳格子

故事分享

周末，淘淘、乐乐、飞飞在一起玩跳格子游戏。他们在跳格子，每个格子里面有不同的数，如下图所示：

20	15	30
12	16	14
25	32	24
49	64	63
24	48	81
72	27	36
17	40	32
21	35	8
乐乐	淘淘	飞飞

游戏规则是：一数列一个学生比赛，从下面往上走，先掷骰子，必须掷出6才能走；然后再掷一次，掷出几向前跳几格；跳到格子中，要说出相对应的

乘法口诀，说对了可以继续掷骰子前进，说错了就回到原点重新开始。

第一次跳格子：淘淘站在 48 这个格子中，乐乐站在 72 这个格子中。你能说出他们跳格子的过程吗？

思路分析

根据游戏规则，掷出 6 才能前进，再掷出几向前进几步，所以，这可难不倒小朋友们！

淘淘先掷出 6，再掷出 4，跳到 48 这个格子中，口诀：六八四十八。

乐乐先掷出 6，再掷出 3，跳到 72 这个格子中，口诀：八九七十二。

拓展思路

嗯，淘淘和乐乐都跳过格子了，可是飞飞呢？他俩回头一看，飞飞还站在原地没动，这是怎么回事呢？

答案提示

根据游戏规则：没有掷出 6，要在原地；说错口诀，要返回原地。所以呢，飞飞可能有两种情况：一、掷骰子没有掷出 6；二、飞飞掷出了 6，再掷一次向前跳，但是在格子中说错了口诀，被迫返回原地。是哪种情况呢？飞飞哭丧着脸说："我跳到了 32，但乘法口诀说错了，又返回原地了。"

智慧提升

小朋友，玩游戏要遵守游戏规则。玩游戏时，同样的结果可能是很多不同原因导致的，所以要全面分析。另外，要好好学习乘法口诀哦！

写　信

故事分享

周末，妈妈在整理物品，淘淘在旁边玩耍。妈妈拿出一个小盒子，打开后里面是一封封信，淘淘说："妈妈，我可以看一看吗？"妈妈说："这是妈妈的私人信件，不可以乱看哦！不过，你可以看一看信封。"淘淘拿起信封仔细端详，信封上都有哪些信息呢？

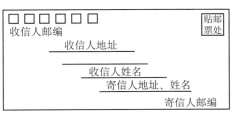

妈妈介绍后，淘淘恍然大悟，可是什么是邮票呢？妈妈拿出几张邮票，又给淘淘介绍了邮票：

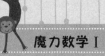

"邮票上都有资费，这就是寄信的费用。如果每张邮票都是80分，寄1封信需要1张邮票，寄5封信需要多少钱？"

思路分析

淘淘心想："80分是多少呢？"他转身去问爸爸，爸爸摸着淘淘的头说："80分就是8角，只不过现在面额为1角的钱很少用到了，现在经常用到的最小面额是1元，也就是10角。"淘淘点点头，边走边算："每张8角，总共5张，一共需要 $8 \times 5 = 40$（角）。妈妈，是40角，对吗？"妈妈点点头，为淘淘竖起了大拇指！

拓展思路

淘淘说："妈妈，我都没有见过面额为1角的钱，我只见过1元的，40角的人民币是什么样的？"妈妈笑起来："淘淘，没有面额为40角的钱。现在大家都不怎么用现金了，都用支付宝和微信，你没见过也可以理解。妈妈再问你一个问题：40角是多少元呢？"

答案提示

淘淘回想爸爸刚才说的话后说："1元是10角，那么10角是1元，40角呢，就是4元。"

智慧提升

小朋友，写信是过去的通信方式，现在大家都用电子邮件、短信和微信联系，这是时代的发展。虽然信封已经很少用了，但邮票中的数学信息和数学问题还有很多，等你去发现哦！

数学阅读奠基学生的终身发展 (代后记)

　　数学阅读，是学生生活的需要，成长的需要，更是人生的需要。让我们和学生一起踏上数学阅读快车，在数学阅读中一起感受成长的快乐，一起品味阅读的魅力。

　　如果说，我在数学阅读方面有那么一点点思考的话，首先，我要感谢蔡金法教授、刘坚教授、王明明老师、王永老师等新世纪小学数学教材编写组的专家，是他们给予我无私的帮助和指导，是他们在繁忙的教学、科研任务之余抽出大量时间，付出大量精力，精心指导我做好数学阅读。同时，我也要感谢全国新世纪小学数学杰出人才第三届高级研修班的同学们，感谢他们无私的帮助和鼓励。

　　感谢校讯通为我搭建了更宽广的平台，作为校讯通第六届、第七届、第八届、第九届、第十届数学阅读专家评委，我在引领数学阅读的同时也汲取着老师们阅读的智慧，这也促使我不断在数学阅读中智慧地行进着。

　　感谢我所在单位郑州市金水区实验小学的领导和同事们，是他们为数学课外阅读的开展提供了实践的沃土，感谢我所在的学校开展的丰富多彩的数学阅读活动。

感谢《小学生学习报》编辑汪录辽、秦建华老师的关心，并在该报开辟专栏刊载；感谢校讯通的谢君、赵娜老师提供了修改、完善数学故事的建议；感谢宋君小学数学名师工作室研修团队给予的帮助；感谢大象出版社的梁金蓝编辑为本书的出版所付出的心血。同时，感谢一直在身后默默无闻支持我的妻子杨伟华，正是她无私的奉献，使我有了更多的时间把自己的想法和思考进行梳理，分享给更多的人。

最后，感谢名师工作室将数学阅读作为专题进行研究，带着学生一起徜徉在数学阅读的海洋中，不断提升学生的数学素养。这样的研修不仅收获思考的快乐，而且让我收获着团队成长的快乐，感谢老师们。请允许我将名师工作室第二届研修教师名单列于此：穆桂鹤、魏霞、刘英杰、徐雪华、张文艳、陈伟伟、任庆涛、张艺、韩晓彤、李国建。

阅读带来快乐，快乐产生兴趣，兴趣开启智慧，智慧引领发展。让我们一起进行数学阅读，一起踏上智慧阅读之旅，一起分享数学阅读的快乐。让阅读引领精彩，让阅读奠基学生的终身发展。

限于本人水平有限，难免有不妥之处，欢迎大家批评指正！

（宋　君）